DA GERAÇÃO
E CORRUPÇÃO

O livro é a porta que se abre para a realização do homem.

Jair Lot Vieira

ARISTÓTELES

DA GERAÇÃO E CORRUPÇÃO

TRADUÇÃO, TEXTOS ADICIONAIS E NOTAS
EDSON BINI
Estudou Filosofia na Faculdade de Filosofia,
Letras e Ciências Humanas da USP.
É tradutor há mais de 40 anos.

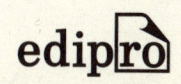

edipro

Copyright da tradução e desta edição © 2016 by Edipro Edições Profissionais Ltda.

Todos os direitos reservados. Nenhuma parte deste livro poderá ser reproduzida ou transmitida de qualquer forma ou por quaisquer meios, eletrônicos ou mecânicos, incluindo fotocópia, gravação ou qualquer sistema de armazenamento e recuperação de informações, sem permissão por escrito do editor.

Grafia conforme o novo Acordo Ortográfico da Língua Portuguesa.

1ª edição, 1ª reimpressão 2021.

Editores: Jair Lot Vieira e Maíra Lot Vieira Micales
Coordenação editorial: Fernanda Godoy Tarcinalli
Tradução, textos adicionais e notas: Edson Bini
Editoração: Alexandre Rudyard Benevides
Revisão: Francimeire Leme Coelho
Revisão do grego: Lilian Sais
Diagramação e Arte: Karine Moreto Massoca

Dados Internacionais de Catalogação na Publicação (CIP)
(Câmara Brasileira do Livro, SP, Brasil)

Aristóteles (384-322 a.C.)

    Da geração e corrupção / Aristóteles ; tradução, textos adicionais e notas Edson Bini – São Paulo : Edipro, 2016. (Série Clássicos Edipro)

    Título original: Περὶ γενέσεως καὶ φθορᾶς.

    ISBN 978-85-7283-911-2

    1. Aristóteles 2. Filosofia antiga I. Bini, Edson II. Título III. Série.

15-01004   CDD-180

Índice para catálogo sistemático:
1. Filosofia antiga : 180

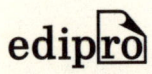

São Paulo: (11) 3107-7050 • Bauru: (14) 3234-4121
www.edipro.com.br • edipro@edipro.com.br
@editoraedipro   @editoraedipro

SUMÁRIO

APRESENTAÇÃO | 7

CONSIDERAÇÕES DO TRADUTOR | 9

DADOS BIOGRÁFICOS | 11

ARISTÓTELES: SUA OBRA | 19

CRONOLOGIA | 37

LIVRO I | 39

LIVRO II | 97

APRESENTAÇÃO

O *Da Geração e Corrupção* (Περὶ γενέσεως καὶ φθορᾶς), também conhecido largamente pelo título latino *De Generatione et Corruptione*, é um tratado autêntico de Aristóteles com alguns aspectos – quer exclusivos, quer partilhados com certos outros tratados – que devem ser aqui destacados.

Em primeiro lugar, não apresenta comparativamente a tantos outros escritos do Estagirita, no que se refere à tradição associada aos manuscritos, grandes problemas que costumam resultar em dificuldades no estabelecimento dos textos e em espinhosas divergências linguísticas e de ordem interpretativa que dividem eruditos e helenistas, isso embora não haja unanimidade quanto à intocabilidade do texto do *Da Geração e Corrupção* ao longo dos séculos que nos separam de sua composição.

É, por outro lado, sua característica ocupar no conjunto sistemático da obra aristotélica, e mesmo naquele mais restrito dos textos ditos de *filosofia da natureza* (φυσιολογία [*physiología*]), um espaço exíguo flagrantemente dependente de tratados que lhe são intimamente aparentados, nomeadamente a *Física*, o *Do Céu* e a *Meteorologia*. A propósito, a interdependência desses quatro tratados é inegável, e não é difícil depreender certa continuidade expositiva em *Do Céu*, *Da Geração e Corrupção* e *Meteorologia*; formam um todo orgânico inseparável, aparentemente capitaneado pela *Física*.

Outra particularidade, visceralmente ligada a essa, é a extrema compacidade do tratado, o que torna sua compreensão isoladamente sumamente difícil, se não impossível.

Todavia, nessa conjuntura, a superação do impasse é clara: para o devido entendimento e aproveitamento do tratado em pauta são imprescindíveis a leitura, o estudo e a compreensão dos tratados que lhe são correlatos, recapitulando, *Física*, *Do Céu* e *Meteorologia*.

Resta indicarmos sumariamente o conteúdo do presente tratado.

A discussão gira em torno da *geração* (γένεσις [*génesis*]) e *corrupção* (φθορά [*phthorá*]) dos corpos naturais presentes na região sublunar, região onde estão os quatro elementos inferiores, a saber, *terra* (γῆ [*gê*]), água (ὕδωρ [*hýdor*]), *ar* (ἀήρ [*aér*]) e *fogo* (πῦρ [*pýr*]).

Efetuando o levantamento e a crítica de opiniões de *filósofos da natureza* (φυσιολόγοι [*physiológoi*]) pré-socráticos (sobretudo Anaxágoras e Empédocles, mas também Leucipo e Demócrito), Aristóteles explica o que são geração e corrupção e distingue-as tanto de *alteração* (ἀλλοίωσις [*alloíosis*]) quanto dos opostos *crescimento* (αὔξησις [*aýxesis*]) e *diminuição* (φθίσις [*phthísis*]). Na sequência é introduzido o conceito de μίξις [*míxis*], mescla, combinação, associação, e Aristóteles instrumentaliza, com referência a esse processo, os já conhecidos conceitos (e categorias) de *ação* (πρᾶξις [*prâxis*]) e *paixão* (πάθος [*páthos*]), ou, como ele fraseologicamente prefere nessa oportunidade, *agir* e *sofrer ação* (ποιεῖν e πάσχειν [*poieîn e páskhein*]). Volta-se, então, especificamente para os quatro elementos da região inferior (sublunar) e demonstra serem eles os constituintes das coisas geradas por meio de sua mútua combinação e transformação.

Articulando uma crítica a uma opinião por ele atribuída a Sócrates no *Fédon* de Platão, o Estagirita passa a abordar a questão das causas (αἰτίαι [*aitíai*]) referentes aos processos de geração e corrupção. Encerra o tratado inferindo a necessidade (ἀνάγκη [*anágke*]) da geração das coisas, necessidade essa determinada pelo caráter cíclico da sucessão temporal dos acontecimentos.

Impõe-se uma palavra final no que toca aos conceitos centrais γένεσις e φθορά, que embora empregados na esfera da filosofia da natureza, referindo-se à geração e corrupção das coisas naturais da região sublunar (sentidos nitidamente físicos), abrangem também tanto os sentidos biológicos (criação de vida e destruição de vida – morte) quanto os sentidos que se contrapõem ao ontológico, isto é, o *vir a ser (devir)* (γένεσις) que se contrapõe ao *ser* (ὄν [*ón*]) e o *cessar de ser* (φθορά) que se contrapõe ao *não-ser* (μή ὄν [*mé ón*]). Sobre o assunto, ver nossa primeira nota da tradução.

CONSIDERAÇÕES DO
TRADUTOR

Como de costume, nosso ponto de partida foi o texto de Immanuel Bekker, a despeito de nos servirmos ocasionalmente do trabalho de outros eminentes helenistas.

Em *Da Geração e Corrupção* não nos deparamos em geral com muitos problemas linguísticos que dão ensejo a dificuldades que beiram ao insolúvel ou à necessidade de conjecturas subjetivas. Entretanto, a compacidade do texto e o condensado das ideias, somados aos embaraços peculiares desse tipo de tradução, nos conduziram a optar por uma metodologia de trabalho de alternância entre a aproximação da literalidade (apesar da aspereza formal no nosso vernáculo) e a flexibilização (quando possível e, a nosso ver, admissível) no traduzir, porém jamais recorrendo à pura e simples paráfrase.

Dado o propósito meramente formativo e didático da edição, as notas têm caráter somente informativo e elucidativo, esporadicamente crítico, embora devam ser consideradas como prolongamentos necessários da tradução, a qual se configura sempre como tradução *anotada*. Reproduzimos regularmente não só palavras, como frases e mesmo períodos inteiros em grego nas notas, que além da explicitação dos conceitos (por vezes sofrivelmente traduzíveis ou, mesmo, a rigor intraduzíveis), visam a tornar possível ao leitor conhecedor, num grau ou outro, da língua grega, ter acesso direto ao texto original, comparar com a tradução e eventualmente conceber a sua própria tradução, ou intentar compreender o próprio texto original, utilizando a tradução aqui oferecida tão só como instrumento de auxílio. Nosso procedimento transmite transparência ao trabalho e minimiza, embora modestamente, a ausência de um texto bilíngue. As reticências iniciais e finais nas citações em grego alertam o leitor para o fato de as notas reproduzirem termos ou porções maiores do texto que estão contidos em contextos.

Os possíveis vocábulos ou frases entre colchetes visam a completar conjecturalmente ideias quando ocorrem hiatos que comprometem ou mesmo barram o entendimento do texto.

Na transliteração do grego, o leitor notará que, apesar de a eliminação do "ph" da ortografia da língua portuguesa já ter ocorrido há muito tempo, nós o mantivemos na transliteração da letra grega "ϕ" em lugar do "f" por motivo de convenção.

A numeração da edição referencial de Bekker, de 1831, é indicada à margem esquerda das páginas da presente tradução. Sua utilidade na facilitação das mais variadas consultas é inestimável.

Nesta oportunidade, pedimos ao leitor – legítimo juiz de nosso trabalho e razão de ser do mesmo – que expresse sua opinião, críticas e sugestões dirigindo-se a esta Editora, contribuição para nós preciosa, que possibilitará tanto a correção de erros quanto o aprimoramento em prol das edições futuras. Por isso desde já agradecemos. A nos inspirarmos no velho Sócrates, diríamos que, por mais que nos esforcemos, nunca passamos de *aprendizes*...

DADOS BIOGRÁFICOS

ARISTÓTELES NASCEU EM ESTAGIRA, cidade da Macedônia, localizada no litoral noroeste da península da Calcídia, cerca de trezentos quilômetros ao norte de Atenas. O ano de seu nascimento é duvidoso – 385 ou, mais provavelmente, 384 a.C.

Filho de Nicômaco e Féstias, seu pai era médico e membro da fraternidade ou corporação dos *Asclepíades* (Ἀσκληπιάδαι, ou seja, *filhos ou descendentes de Asclépios*, o deus da medicina). A arte médica era transmitida de pai para filho.

Médico particular de Amintas II (rei da Macedônia e avô de Alexandre), Nicômaco morreu quando Aristóteles tinha apenas sete anos, tendo desde então o menino sido educado por seu tio Proxeno.

Os fatos sobre a infância, a adolescência e a juventude de Aristóteles são escassos e dúbios. Presume-se que, durante o brevíssimo período que conviveu com o pai, este o tenha levado a Pela, capital da Macedônia ao norte da Grécia, e tenha sido iniciado nos rudimentos da medicina pelo pai e pelo tio.

O fato indiscutível e relevante é que aos dezessete ou dezoito anos o jovem Estagirita transferiu-se para Atenas, e durante cerca de dezenove anos frequentou a *Academia* de Platão, deixando-a somente após a morte do mestre em 347 a.C., embora Diógenes Laércio (o maior dos biógrafos de Aristóteles na antiguidade) afirme que ele a deixou enquanto Platão ainda era vivo.

Não há dúvida de que Aristóteles desenvolveu laços de amizade com seu mestre e foi um de seus discípulos favoritos. Mas foi Espeusipo que herdou a direção da Academia.

O leitor nos permitirá aqui uma ligeira digressão.

Espeusipo, inspirado no último e mais extenso diálogo de Platão (*As Leis*), conferiu à Academia um norteamento franca e profundamente marcado pelo orfismo pitagórico, o que resultou na rápida transformação da Academia platônica num estabelecimento em que predominava o estudo e o ensino das matemáticas, trabalhando-se mais elementos de reflexão e princípios pitagóricos do que propriamente platônicos.

Divergindo frontalmente dessa orientação matematizante e mística da filosofia, Aristóteles abandonou a Academia acompanhado de outro discípulo de Platão, Xenócrates, o qual, contudo, retornaria posteriormente à Academia, aliando-se à orientação pitagorizante de Espeusipo, mas desenvolvendo uma concepção própria.

Os "fatos" que se seguem imediatamente acham-se sob uma nuvem de obscuridade, dando margem a conjeturas discutíveis.

Alguns autores pretendem que, logo após ter deixado a Academia, Aristóteles abriu uma Escola de retórica com o intuito de concorrer com a famosa Escola de retórica de Isócrates. Entre os discípulos do Estagirita estaria o abastado Hérmias, que pouco tempo depois se tornaria tirano de Atarneu (ou Aterna), cidade-Estado grega na região da Eólida.

Outros autores, como o próprio Diógenes Laércio, preferem ignorar a hipótese da existência de tal Escola e não entrar em minúcias quanto às circunstâncias do início do relacionamento entre Aristóteles e Hérmias.

Diógenes Laércio limita-se a afirmar que alguns supunham que o eunuco Hérmias era um favorito de Aristóteles, e outros, diferentemente, sustentam que o relacionamento e o parentesco criados entre eles foram devidos ao casamento de Aristóteles com Pítia – filha adotiva, irmã ou sobrinha de Hérmias – não se sabe ao certo.

Um terceiro partido opta por omitir tal Escola e associa o encontro de Aristóteles com Hérmias indiretamente a dois discípulos de Platão e amigos do Estagirita, a saber, Erasto e Corisco, que haviam redigido uma Constituição para Hérmias e recebido apoio deste para fundar uma Escola platônica em Assos, junto a Atarneu.

O fato incontestável é que nosso filósofo (Aristóteles) conheceu o rico Hérmias, durante três anos ensinou na Escola platônica de Assos, patrocinada por ele, e em 344 a.C. desposou Pítia.

Nessa Escola nosso filósofo conheceu Teofrasto, o qual se tornaria o maior de seus discípulos. Pertence a este período incipiente o primeiro trabalho filosófico de Aristóteles: *Da Filosofia*.

Após a invasão de Atarneu pelos persas e o assassinato de Hérmias, ocasião em que, segundo alguns autores, Aristóteles salvou a vida de Pítia providenciando sua fuga, dirigiu-se ele a Mitilene na ilha de Lesbos. Pouco tempo depois (em 343 ou 342 a.C.), aceitava a proposta de Filipe II para ser o preceptor de seu filho, Alexandre (então com treze anos) mudando-se para Pela. Na fase de Pela, o Estagirita escreveu duas obras que só sobreviveram fragmentariamente e em caráter transitório: *Da Monarquia* e *Da Colonização*. Nosso filósofo teria iniciado, também nesse período, a colossal *Constituições*, contendo a descrição e o estudo de 158 (ou, ao menos, 125) formas de governo em prática em toda a Grécia (desse alentadíssimo trabalho só restou para a posteridade a *Constituição de Atenas*).

Depois de haver subjugado várias cidades helênicas da costa do mar Egeu, e inclusive ter destruído Estagira (que ele próprio permitiria depois que fosse reconstruída por Aristóteles), Filipe II finalmente tomou Atenas e Tebas na célebre batalha de Queroneia, em 338 a.C.

Indiferente a esses fatos militares e políticos, o Estagirita prosseguiu como educador de Alexandre até a morte de Filipe e o início do reinado de Alexandre (335 a.C.). Retornou então a Atenas e fundou nesse mesmo ano sua Escola no Λύκειον (*Lýkeion* – *Liceu*), que era um ginásio localizado no nordeste de Atenas, junto ao templo de Apolo Lício, deus da luz, ou Λύκειος (*Lýkeios* – literalmente, *destruidor de lobos*).

O Liceu (já que o lugar emprestou seu nome à Escola de Aristóteles) situava-se em meio a um bosque (consagrado às Musas e a Apolo Lício) e era formado por um prédio, um jardim e uma alameda adequada ao passeio de pessoas que costumavam realizar uma *conversação caminhando* (περίπατος – *perípatos*), daí a filosofia aristotélica ser igualmente denominada filosofia *peripatética*, e sua Escola, Escola *peripatética*, referindo-se à tal alameda e especialmente ao hábito de o Estagirita e seus discípulos andarem por ali discutindo questões filosóficas.

A despeito de estar em Atenas, nosso filósofo permanecia informado das manobras político-militares de Alexandre por meio do chanceler macedônio e amigo, Antipater.

O período do Liceu (335-323 a.C.) foi, sem dúvida, o mais produtivo e fecundo na vida do filósofo de Estagira. Ele conjugava uma intensa atividade intelectual entre o ensino na Escola e a redação de suas obras. Durante a manhã, Aristóteles ministrava aulas restritas aos discípulos mais avançados, os chamados cursos *esotéricos* (ἐσωτερικοί) ou *acroamáticos* (ἀκροαματικοί), os quais versavam geralmente sobre temas mais complexos e profundos de lógica, matemática, física e metafísica. Nos períodos vespertino e noturno, Aristóteles dava cursos abertos, acessíveis ao grande público (*exotéricos* [ἐξωτερικοί]), via de regra de dialética e retórica. Teofrasto e Eudemo, seus principais discípulos, atuavam como assistentes e monitores, reforçando a explicação das lições aos discípulos e anotando-as para que posteriormente o mestre redigisse suas obras, com base nelas.

A distinção entre cursos esotéricos e exotéricos e a consequente separação dos discípulos não eram motivadas por qualquer diferença entre um ensino secreto místico, reservado apenas a *iniciados*, e um ensino meramente religioso, ministrado aos profanos, nos moldes, por exemplo, das instituições dos pitagóricos.

Essa distinção era puramente pragmática, no sentido de organizar os cursos por nível de dificuldade (didática) e, sobretudo, restringir os cursos exotéricos àquilo que despertava o interesse da grande maioria dos atenienses, a saber, a dialética e a retórica.

Nessa fase áurea do Liceu, nosso filósofo também montou uma biblioteca incomparável, constituída por centenas de manuscritos e mapas, e um museu, o qual era uma combinação de jardim botânico e jardim zoológico, com uma profusão de espécimes vegetais e animais oriundos de diversas partes do Império de Alexandre Magno.

Que se acresça, a propósito, que o *curriculum* para o aprendizado que Aristóteles fixou nessa época para o Liceu foi a base para o *curriculum* das Universidades europeias durante mais de dois mil anos, ou seja, até o século XIX.

A morte prematura de Alexandre em 323 a.C. trouxe à baila novamente, como trouxera em 338 a.C., na derrota de Queroneia, um forte ânimo patriótico em Atenas, encabeçado por Demóstenes (o mesmo grande orador que insistira tanto no passado recente sobre a ameaça de Filipe). Isso, naturalmente, gerou um acentuado e ardente sentimento antimacedônico. Como era de esperar, essa animosidade atingiu todos os cidadãos atenienses e metecos que entretinham, de um modo ou de outro, relações com os macedônios.

Nosso filósofo viu-se, então, em uma situação bastante delicada, pois, macedônio de nascimento, não apenas residira em Pela durante anos, cuidando da educação do futuro senhor do Império, como conservara uma correspondência regular com Antipater (braço direito de Alexandre), com quem estreitara um fervoroso vínculo de amizade. As constantes e generosas contribuições de Alexandre ao acervo do Liceu (biblioteca e museu) haviam passado a ser observadas com desconfiança, bem como a amizade "suspeita" do aristocrático e conservador filósofo, que nunca ocultara sua antipatia pela democracia ateniense e que, às vezes, era duro na sua crítica aos próprios atenienses, como quando teria dito que "os atenienses criaram o trigo e as leis, mas enquanto utilizam o primeiro, esquecem as segundas".

Se somarmos ainda a esse campo minado sob os pés do Estagirita o fato de o Liceu ser rivalizado pela nacionalista Academia de Espeusipo e a democrática Escola de retórica de Isócrates, não nos espantaremos ao constatar que muito depressa os cidadãos atenienses começaram a alimentar em seus corações a suspeita de que Aristóteles era um *traidor*.

Segundo Diógenes Laércio, Aristóteles teria sido mesmo acusado de impiedade (cometendo-a ao render culto a um mortal e o divinizando) pelo sumo sacerdote Eurimédon ou por Demófilo.

Antes que acontecesse o pior, o sisudo e imperturbável pensador optou pelo exílio voluntário e abandonou seu querido Liceu e Atenas em 322 ou 321 a.C., transferindo-se para Cálcis, na Eubeia, terra de sua mãe. No Liceu o sucederam Teofrasto, Estráton, Lícon de Troas, Dicearco, Aristóxeno e Aríston de Cós.

Teria dito que agia daquela maneira "para evitar que mais um crime fosse perpetrado contra a filosofia", referindo-se certamente a Sócrates.

Mas viveria pouquíssimo em Cálcis. Morreu no mesmo ano de 322 ou 321, aos sessenta e três anos, provavelmente vitimado por uma enfermidade gástrica de que sofria há muito tempo. Diógenes Laércio supõe, diferentemente, que Aristóteles teria se suicidado tomando cicuta, exatamente o que Sócrates tivera que ingerir, um mês após sua condenação à morte.

Aristóteles foi casado uma segunda vez (Pítia encontrara a morte pouco depois do assassinato de seu protetor, o tirano Hérmias) com Hérpile, uma jovem, como ele, de Estagira, e que lhe deu uma filha e o filho Nicômaco.

O testamenteiro de Aristóteles foi Antipater, e reproduzimos aqui seu testamento conforme Diógenes Laércio, que declara em sua obra *Vida, Doutrina e Sentenças dos Filósofos Ilustres* "(...) haver tido a sorte de lê-lo (...)":

Tudo sucederá para o melhor, mas na ocorrência de alguma fatalidade, são registradas aqui as seguintes disposições de vontade de Aristóteles. Antipater será para todos os efeitos meu testamenteiro. Até a maioridade de Nicanor, desejo que Aristomeno, Timarco, Hiparco, Dióteles e Teofrasto (se aceitar e estiver capacitado para esta responsabilidade) sejam os tutores e curadores de meus filhos, de Hérpile e de todos os meus bens. Uma vez alcance minha filha a idade necessária, que seja concedida como esposa a Nicanor. Se algum mal abater-se sobre ela – prazam os deuses que não – antes ou depois de seu casamento, antes de ter filhos, caberá a Nicanor deliberar sobre meu filho e sobre meus bens, conforme a ele pareça digno de si e de mim. Nicanor assumirá o cuidado de minha filha e de meu filho Nicômaco, zelando para que nada lhes falte, sendo para eles tal como um pai e um irmão. Caso venha a suceder algo antes a Nicanor – que seja afastado para distante o agouro – antes ou depois de ter casado com minha filha, antes de ter filhos, todas as suas deliberações serão executórias, e se, inclusive, for o desejo de Teofrasto viver com minha filha, que tudo seja como parecer melhor a Nicanor. Em caso contrário, os tutores decidirão com Antipater a respeito de minha filha e de meu filho, segundo o que lhes afigure mais apropriado. Deverão ainda os tutores e Nicanor considerar minhas relações com Hérpile (pois foi-me ela leal) e dela cuidar em todos os aspectos. Caso ela deseje um esposo, cuidarão para que seja concedida a um homem que não seja indigno de mim.

A ela deverão entregar, além daquilo que já lhe dei, um talento de prata retirado de minha herança, três escravas (se as quiser), a pequena escrava que já possuía e o pequeno Pirraio; e se desejar viver em Cálcis, a ela será dada a casa existente no jardim; se Estagira for de sua preferência, a ela caberá a casa de meus pais. De qualquer maneira, os tutores mobiliarão a casa do modo que lhes parecer mais próprio e satisfatório a Hérpile. A Nicanor também caberá a tarefa de fazer retornar dignamente à casa de seus pais o meu benjamim Myrmex, acompanhado de todos os dons que dele recebi. Que Ambracis seja libertada, dando-se-lhe por ocasião do casamento de minha filha quinhentas dracmas, bem como a menina que ela mantém como serva. A Tales *dar-se-á, somando-se à menina que adquiriu, mil dracmas e uma pequena escrava. Para Simão, além do dinheiro que já lhe foi entregue para a compra de um escravo, deverá ser comprado um outro ou dar-lhe dinheiro. Tácon será libertado no dia da celebração do casamento de minha filha, e juntamente com ele Fílon, Olímpio e seu filho. Proíbo que quaisquer dos escravos que estavam a meu serviço sejam vendidos, mas que sejam empregados; serão conservados até atingirem idade suficiente para serem libertados como mostra de recompensa por seu merecimento. Cuidar-se-ão também das estátuas que encomendei a Grilion. Uma vez prontas, serão consagradas. Essas estátuas são aquelas de Nicanor, de Proxeno, que era desígnio fazer, e a da mãe de Nicanor. A de Arimnesto, cuja confecção já findou, será consagrada para o não desaparecimento de sua memória, visto que morreu sem filhos. A imagem de minha mãe será instalada no templo de Deméter, em Nemeia (sendo a esta deusa dedicada), ou noutro lugar que for preferido. De uma maneira ou de outra, as ossadas de Pítia, como era seu desejo, deverão ser depositadas no local em que meu túmulo for erigido. Enfim, Nicanor, se preservado entre vós (conforme o voto que realizei em seu nome), consagrará as estátuas de pedra de quatro côvados de altura a Zeus salvador e à Atena salvadora em Estagira.*

ARISTÓTELES: SUA OBRA

A OBRA DE ARISTÓTELES FOI TÃO VASTA e diversificada que nos permite traçar uma pequena história a seu respeito.

Mas antes disso devemos mencionar algumas dificuldades ligadas à bibliografia do Estagirita, algumas partilhadas por ele com outras figuras célebres da Antiguidade e outras que lhe são peculiares.

A primeira barreira que nos separa do Aristóteles *integral*, por assim dizer, é o fato de muitos de seus escritos não terem chegado a nós ou – para nos situarmos no tempo – à aurora da Era Cristã e à Idade Média.

A quase totalidade dos trabalhos de outros autores antigos, como é notório, teve o mesmo destino, particularmente as obras dos filósofos pré-socráticos. A preservação de manuscritos geralmente únicos ao longo de séculos constituía uma dificuldade espinhosa por razões bastante compreensíveis e óbvias.

No que toca a Aristóteles, há obras que foram perdidas na sua íntegra; outras chegaram a nós parciais ou muito incompletas; de outras restaram apenas fragmentos; outras, ainda, embora estruturalmente íntegras, apresentam lacunas facilmente perceptíveis ou mutilações.

Seguramente, entre esses escritos perdidos, existem muitos cujos assuntos tratados nem sequer conhecemos. De outros, estamos cientes dos temas. Vários parecem definitivamente perdidos; a *Constituição de Atenas* foi descoberta no fim do século XIX; outros são atualmente objeto de busca.

Além do esforço despendido em tal busca, há um empenho no sentido de reconstituir certas obras com base nos fragmentos.

É quase certo que boa parte da perda irreparável da obra aristotélica tenha sido causada pelo incêndio da Biblioteca de Alexandria, em que foram consumidos tratados não só de pensadores da época de Aristóteles (presumivelmente de Epicuro, dos estoicos, dos céticos etc.), como também de pré-socráticos e de filósofos gregos dos séculos III e II a.C., como dos astrônomos Eratóstenes e Hiparco, que atuavam brilhante e devotadamente na própria Biblioteca. Mais tarde, no fim do século IV d.C., uma multidão de cristãos fanáticos invadiu e depredou a Biblioteca, ocorrendo mais uma vez a destruição de centenas de manuscritos. O coroamento da fúria dos ignorantes na sua intolerância religiosa contra o imenso saber helênico (paganismo) ocorreu em 415 d.C., quando a filósofa (astrônoma) Hipácia, destacada docente da Biblioteca, foi perseguida e lapidada por um grupo de cristãos, que depois arrastaram seu corpo mutilado pelas ruas de Alexandria.

Uma das obras consumidas no incêndio supracitado foi o estudo que Aristóteles empreendeu sobre, no mínimo, 125 governos gregos.

Juntam-se, tristemente, a esse monumental trabalho irremediavelmente perdido: uma tradução especial do poeta Homero que Aristóteles teria executado para seu pupilo Alexandre; um estudo sobre belicismo e direitos territoriais; um outro sobre as línguas dos povos bárbaros; e quase todas as obras *exotéricas* (poemas, epístolas, diálogos etc.).

Entre os achados tardios, deve-se mencionar a *Constituição de Atenas*, descoberta só muito recentemente, em 1880.

Quanto aos escritos incompletos, o exemplo mais conspícuo é a *Poética*, em cujo texto, de todas as artes poéticas que nosso filósofo se propõe a examinar, as únicas presentes são a tragédia e a poesia épica.

Outra dificuldade que afeta a obra de Aristóteles, esta inerente ao próprio filósofo, é a diferença de caráter e teor de seus escritos, os quais são classificados em *exotéricos* e *acroamáticos* (ou *esotéricos*), aos quais já nos referimos, mas que requerem aqui maior atenção.

Os exotéricos eram os escritos (geralmente sob forma de epístolas, diálogos e transcrições das palestras de Aristóteles com seus discípulos e principalmente das aulas públicas de retórica e dialética) cujo teor não era tão profundo, sendo acessíveis ao público em geral e versando sobretudo sobre retórica e dialética. Os acroamáticos ou esotéricos eram precisamente os escritos de conteúdo mais aprofundado, minucioso e complexo (mais propriamente filosóficos, versando sobre física, metafísica, ética, política etc.), e que, durante o período no qual predominou em Atenas uma disposição marcantemente antimacedônica, circulavam exclusivamente nas mãos dos discípulos e amigos do Estagirita.

Até meados do século I a.C., as obras conhecidas de Aristóteles eram somente as exotéricas. As acroamáticas ou esotéricas permaneceram pelo arco das existências do filósofo, de seus amigos e discípulos sob o rigoroso controle destes, destinadas apenas à leitura e estudo deles mesmos. Com a morte dos integrantes desse círculo aristotélico fechado, as obras acroamáticas (por certo o melhor do Estagirita) ficaram mofando numa adega na casa de Corisco por quase trezentos anos.

O resultado inevitável disso, como se pode facilmente deduzir, é que por todo esse tempo julgou-se que o pensamento filosófico de Aristóteles era apenas o que estava contido nos escritos exotéricos, que não só foram redigidos no estilo de Platão (epístolas e diálogos), como primam por questionamentos tipicamente platônicos, além de muitos deles não passarem, a rigor, de textos rudimentares ou meros esboços, falhos tanto do ponto de vista formal e redacional quanto carentes de critério expositivo, dificilmente podendo ser considerados rigorosamente como *tratados* filosóficos.

Foi somente por volta do ano 50 a.C. que descobriram que na adega de Corisco não havia *unicamente* vinho.

Os escritos acroamáticos foram, então, transferidos para Atenas e, com a invasão dos romanos, nada apáticos em relação à cultura grega, enviados a Roma.

Nessa oportunidade, Andrônico de Rodes juntou os escritos acroamáticos aos exotéricos, e o mundo ocidental se deu conta do verdadeiro filão do pensamento aristotélico, reconhecendo sua originalidade e envergadura. O Estagirita, até então tido como um simples discípulo de Platão, assumiu sua merecida importância como grande pensador capaz de ombrear-se com o próprio mestre.

Andrônico de Rodes conferiu ao conjunto da obra aristotélica a organização que acatamos basicamente até hoje. Os escritos exotéricos, entretanto, agora ofuscados pelos acroamáticos, foram preteridos por estes, descurados e acabaram desaparecendo quase na sua totalidade.

A terceira dificuldade que nos furta o acesso à integridade da obra aristotélica é a existência dos *apócrifos* e dos *suspeitos*.

O próprio volume imenso da obra do Estagirita acena para a possibilidade da presença de colaboradores entre os seus discípulos mais chegados, especialmente Teofrasto. Há obras de estilo e terminologia perceptivelmente diferentes dos correntemente empregados por Aristóteles, entre elas a famosa *Problemas* (que trata dos temas mais diversos, inclusive a magia), a *Economia* (síntese da primeira parte da *Política*) e *Do Espírito*, sobre fisiologia e psicologia, e que não deve ser confundida com *Da Alma*, certamente de autoria exclusiva de Aristóteles.

O maior problema, contudo, ao qual foi submetida a obra aristotélica, encontra sua causa no tortuoso percurso linguístico e cultural de que ela foi objeto até atingir a Europa cristã.

Apesar do enorme interesse despertado pela descoberta dos textos acroamáticos ou esotéricos em meados do último século antes de Cristo, o mundo culto ocidental (então, a Europa) não demoraria a ser tomado pela fé cristã e a seguir pela cristianização oficial estabelecida pela Igreja, mesmo ainda sob o Império romano.

A cristianização do Império romano permitiu aos poderosos Padres da Igreja incluir a filosofia grega no contexto da manifestação pagã, convertendo o seu cultivo em prática herética. A filosofia aristotélica foi condenada e seu estudo posto na ilegalidade. Entretanto, com a divisão do Império romano em 385 d.C., o *corpus aristotelicum* composto por Andrônico de Rodes foi levado de Roma para Alexandria.

Foi no Império romano do Oriente (Império bizantino) que a obra de Aristóteles voltou a ser regularmente lida, apreciada e finalmente *traduzida*... para o árabe (língua semita que, como sabemos, não entretém qualquer afinidade com o grego) a partir do século X.

Portanto, o *primeiro* Aristóteles *traduzido* foi o dos grandes filósofos árabes, particularmente Avicena (*Ibn Sina*, morto em 1036) e Averróis (*Ibn Roschd*, falecido em 1198), ambos exegetas de Aristóteles, sendo o último considerado o mais importante dos *peripatéticos árabes* da Espanha, e *não* o da latinidade representada fundamentalmente por Santo Tomás de Aquino.

Mas, voltando no tempo, ainda no século III, os Padres da Igreja (homens de ferro, como Tertuliano, decididos a consolidar institucionalmente o cristianismo oficial a qualquer custo) concluíram que a filosofia helênica, em lugar de ser combatida, poderia revelar-se um poderoso instrumento para a legitimação e fortalecimento intelectual da doutrina cristã. Porém, de que filosofia grega dispunham em primeira mão? Somente do neoplatonismo e do estoicismo, doutrinas filosóficas gregas que, de fato, se mostravam conciliáveis com o cristianismo, especialmente o segundo, que experimentara uma séria continuidade romana graças a figuras como Sêneca, Epíteto e o imperador Marco Aurélio Antonino.

Sob os protestos dos representantes do neoplatonismo (Porfírio, Jâmblico, Proclo etc.), ocorreu uma apropriação do pensamento grego por parte da Igreja, situação delicadíssima para os últimos filósofos gregos, que, se por um lado podiam perder suas cabeças por sustentar a distinção e/ou oposição do pensamento grego ao cristianismo, por outro tinham de admitir o fato de muitos de seus próprios discípulos estarem se convertendo a ele, inclusive através de uma tentativa de compatibilizá-lo não só com Platão, como também com Aristóteles, de modo a torná-los "aceitáveis" para a Igreja.

Assim, aquilo que ousaremos chamar de *apropriação do pensamento filosófico grego* foi encetado inicialmente pelos próprios discípulos dos neoplatônicos, e se consubstanciou na conciliação do cristianismo (mais exatamente a teologia cristã que principiava a ser construída e estruturada naquela época) primeiramente com o platonismo, via neoplatonismo, e depois com o aristotelismo, não tendo sido disso pioneiros nem os grandes vultos da patrística (São Justino, Clemente de Alexandria, Orígenes e mesmo Santo Agostinho) relativamente a Platão, nem aqueles da escolástica (John Scot Erigene e Santo Tomás de Aquino) relativamente a Aristóteles.

A primeira consequência desse "remanejamento" filosófico foi nivelar Platão com Aristóteles. Afinal, não se tratava de estudar a fundo e exaustivamente os grandes sistemas filosóficos gregos – os pragmáticos Padres da Igreja viam o vigoroso pensamento helênico meramente como um precioso veículo a atender seu objetivo, ou seja, propiciar fundamento e conteúdo filosóficos à incipiente teologia cristã.

Os discípulos cristãos dos neoplatônicos não tiveram, todavia, acesso aos manuscritos originais do *corpus aristotelicum*.

Foi através da conquista militar da península ibérica e da região do Mar Mediterrâneo pelas tropas cristãs, inclusive durante as Cruzadas, que os cristãos voltaram a ter contato com as obras do Estagirita, precisamente por intermédio dos *infiéis*, ou seja, tiveram acesso às *traduções e paráfrases* árabes (e mesmo hebraicas) a que nos referimos anteriormente.

A partir do século XII começaram a surgir as primeiras traduções latinas (latim erudito) da obra de Aristóteles. Conclusão: o Aristóteles linguística e culturalmente original, durante séculos, jamais frequentou a Europa medieval.

Tanto Andrônico de Rodes, no século I a.C., ao estabelecer o *corpus aristotelicum*, quanto o neoplatônico Porfírio no século III ressaltaram nesse *corpus* o Ὄργανον (*Órganon* – série de tratados dedicados à lógica, ou melhor, à *Analítica*, no dizer de Aristóteles) e sustentaram a ampla divergência doutrinária entre os pensamentos de Platão e de Aristóteles. Os discípulos cristãos dos neoplatônicos, a partir da alvorada do século III, deram realce à lógica, à física e à retórica, e levaram a cabo a proeza certamente falaciosa de conciliar os dois maiores filósofos da Grécia. Quanto aos estoicos romanos, também prestigiaram a lógica aristotélica, mas deram destaque à ética, não nivelando Aristóteles com Platão, mas os aproximando.

O fato é que a Igreja obteve pleno êxito no seu intento, graças à inteligência e à sensibilidade agudas de homens como o bispo de Hipona, Aurélio Agostinho (Santo Agostinho – 354-430 d.C.) e o dominicano oriundo de Nápoles, Tomás de Aquino (Santo Tomás – 1224-1274), que se revelaram vigorosos e fecundos teólogos, superando o papel menor de meros intérpretes e *aproveitadores* das originalíssimas concepções gregas.

Quanto a Aristóteles, a Igreja foi muito mais além e transformou *il filosofo* (como Aquino o chamava) na suma e única autoridade do conhecimento, com o que, mais uma vez, utilizava o pensamento grego para alicerçar os dogmas da cristandade e, principalmente, respaldar e legitimar sua intensa atividade política oficial e extraoficial, caracterizada pelo autoritarismo e pela centralização do poder em toda a Europa.

Se, por um lado, o Estagirita sentir-se-ia certamente lisonjeado com tal posição, por outro, quem conhece seu pensamento sabe que também certamente questionaria o próprio *conceito* de autoridade exclusiva do conhecimento.

Com base na clássica ordenação do *corpus aristotelicum* de Andrônico de Rodes, pode-se classificar os escritos do Estagirita da maneira que se segue (note-se que esta relação não corresponde exatamente ao extenso elenco elaborado por Diógenes Laércio posteriormente no século III d.C. e que nela não se cogita a questão dos apócrifos e suspeitos).

1. Escritos sob a influência de Platão, mas já detendo caráter crítico em relação ao pensamento platônico:[*]
— *Poemas*;[*]
— *Eudemo* (diálogo cujo tema é a alma, abordando a imortalidade, a reminiscência e a imaterialidade);
— *Protrépticos*[*] (epístola na qual Aristóteles se ocupa de metafísica, ética, política e psicologia);
— *Da Monarquia*;[*]
— *Da Colonização*;[*]
— *Constituições*;[*]
— *Da Filosofia*[*] (diálogo constituído de três partes: a *primeira*, histórica, encerra uma síntese do pensamento filosófico desenvolvido até então, inclusive o pensamento egípcio; a *segunda* contém uma crítica à teoria das Ideias de Platão; e a *terceira* apresenta uma exposição das primeiras concepções aristotélicas, onde se destaca a concepção do *Primeiro Motor Imóvel*);
— *Metafísica*[*] (esboço e porção da futura Metafísica completa e definitiva);
— *Ética a Eudemo* (escrito parcialmente exotérico que, exceto pelos Livros IV, V e VI, será substituído pelo texto acroamático definitivo *Ética a Nicômaco*);
— *Política*[*] (esboço da futura *Política*, no qual já estão presentes a crítica à República de Platão e a teoria das três formas de governo originais e puras e as três derivadas e degeneradas);
— *Física*[*] (esboço e porção – Livros I e II – da futura *Física*; já constam aqui os conceitos de matéria, forma, potência, ato e a doutrina do movimento);
— *Do Céu* (nesta obra Aristóteles faz a crítica ao *Timeu* de Platão e estabelece os princípios de sua cosmologia com a doutrina dos cinco elementos e a doutrina da eternidade do mundo e sua finitude espacial; trata ainda do tema da geração e corrupção).

---

[*]. Os asteriscos indicam os escritos perdidos após o primeiro século da Era Cristã e quase todos exotéricos; das 125 (ou 158) *Constituições*, a de Atenas (inteiramente desconhecida de Andrônico de Rodes) foi descoberta somente em 1880.

2. Escritos da maturidade (principalmente desenvolvidos e redigidos no período do Liceu – 335 a 323 a.C.):

— A *Analítica* ou *Órganon*, como a chamaram os bizantinos por ser o Ὄργανον (instrumento, veículo, ferramenta e propedêutica) das ciências (trata da lógica – regras do pensamento correto e científico, sendo composto por seis tratados, a saber: Categorias, Da Interpretação, Analíticos Anteriores, Analíticos Posteriores, Tópicos e Refutações Sofísticas);

— *Física* (não contém um único tema, mas vários, entrelaçando e somando oito Livros de física, quatro de cosmologia [intitulados *Do Céu*], dois que tratam especificamente da geração e corrupção, quatro de meteorologia [intitulados *Dos Fenômenos ou Corpos Celestes*], Livros de zoologia [intitulados *Da Investigação sobre os Animais, Da Geração dos Animais, Da Marcha dos Animais, Do Movimento dos Animais, Das Partes dos Animais*] e três Livros de psicologia [intitulados *Da Alma*]);

— *Metafísica* (termo cunhado por Andrônico de Rodes por mero motivo organizatório, ou seja, ao examinar todo o conjunto da obra aristotélica, no século I a.C., notou que esse tratado se apresentava *depois* [μετά] do tratado da *Física*) (é a obra em que Aristóteles se devota à filosofia primeira ou filosofia teológica, quer dizer, à ciência que investiga as causas primeiras e universais do ser, *o ser enquanto ser*; o tratado é composto de quatorze Livros);

— *Ética a Nicômaco* (em dez Livros, trata dos principais aspectos da ciência da ação individual, a ética, tais como o bem, as virtudes, os vícios, as paixões, os desejos, a amizade, o prazer, a dor, a felicidade etc.);

— *Política* (em oito Livros, trata dos vários aspectos da ciência da ação do indivíduo como animal social (*político*): a família e a economia, as doutrinas políticas, os conceitos políticos, o caráter dos Estados e dos cidadãos, as formas de governo, as transformações e revoluções nos Estados, a educação do cidadão etc.);

— *Retórica*[*] (em três Livros);

— *Poética* (em um Livro, mas incompleta).

(*). Escrito exotérico, mas não perdido.

A relação que transcrevemos a seguir, de Diógenes Laércio (século III), é muito maior, e esse biógrafo, como o organizador do *corpus aristotelicum*, não se atém à questão dos escritos perdidos, recuperados, adulterados, mutilados, e muito menos ao problema dos apócrifos e suspeitos, que só vieram efetivamente à tona a partir do helenismo moderno. O critério classificatório de Diógenes é, também, um tanto diverso daquele de Andrônico, e ele faz o célebre introito elogioso a Aristóteles, a saber:

"Ele escreveu um vasto número de livros que julguei apropriado elencar, dada a excelência desse homem em todos os campos de investigação:

— *Da Justiça*, quatro Livros;
— *Dos Poetas*, três Livros;
— *Da Filosofia*, três Livros;
— *Do Político*, dois Livros;
— *Da Retórica* ou *Grylos*, um Livro;
— *Nerinto*, um Livro;
— *Sofista*, um Livro;
— *Menexeno*, um Livro;
— *Erótico*, um Livro;
— *Banquete*, um Livro;
— *Da Riqueza*, um Livro;
— *Protréptico*, um Livro;
— *Da Alma*, um Livro;
— *Da Prece*, um Livro;
— *Do Bom Nascimento*, um Livro;
— *Do Prazer*, um Livro;
— *Alexandre*, ou *Da Colonização*, um Livro;
— *Da Realeza*, um Livro;
— *Da Educação*, um Livro;
— *Do Bem*, três Livros;
— *Excertos de As Leis de Platão*, três Livros;
— *Excertos da República de Platão*, dois Livros;
— *Economia*, um Livro;

— *Da Amizade*, um Livro;
— *Do ser afetado ou ter sido afetado*, um Livro;
— *Das Ciências*, dois Livros;
— *Da Erística*, dois Livros;
— *Soluções Erísticas*, quatro Livros;
— *Cisões Sofísticas*, quatro Livros;
— *Dos Contrários*, um Livro;
— *Dos Gêneros e Espécies*, um Livro;
— *Das Propriedades*, um Livro;
— *Notas sobre os Argumentos*, três Livros;
— *Proposições sobre a Excelência*, três Livros;
— *Objeções*, um Livro;
— *Das coisas faladas de várias formas ou por acréscimo*, um Livro;
— *Dos Sentimentos* ou *Do Ódio*, um Livro;
— *Ética*, cinco Livros;
— *Dos Elementos*, três Livros;
— *Do Conhecimento*, um Livro;
— *Dos Princípios*, um Livro;
— *Divisões*, dezesseis Livros;
— *Divisão*, um Livro;
— *Da Questão e Resposta*, dois Livros;
— *Do Movimento*, dois Livros;
— *Proposições Erísticas*, quatro Livros;
— *Deduções*, um Livro;
— *Analíticos Anteriores*, nove Livros;
— *Analíticos Posteriores*, dois Livros;
— *Problemas*, um Livro;
— *Metódica*, oito Livros;
— *Do mais excelente*, um Livro;
— *Da Ideia*, um Livro;
— *Definições Anteriores aos Tópicos*, um Livro;
— *Tópicos*, sete Livros;

— *Deduções*, dois Livros;
— *Deduções e Definições*, um Livro;
— *Do Desejável e Dos Acidentes*, um Livro;
— *Pré-tópicos*, um Livro;
— *Tópicos voltados para Definições*, dois Livros;
— *Sensações*, um Livro;
— *Matemáticas*, um Livro;
— *Definições*, treze Livros;
— *Argumentos*, dois Livros;
— *Do Prazer*, um Livro;
— *Proposições*, um Livro;
— *Do Voluntário*, um Livro;
— *Do Nobre*, um Livro;
— *Teses Argumentativas*, vinte e cinco Livros;
— *Teses sobre o Amor*, quatro Livros;
— *Teses sobre a Amizade*, dois Livros;
— *Teses sobre a Alma*, um Livro;
— *Política*, dois Livros;
— *Palestras sobre Política* (como as de Teofrasto), oito Livros;
— *Dos Atos Justos*, dois Livros;
— *Coleção de Artes*, dois Livros
— *Arte da Retórica*, dois Livros;
— *Arte*, um Livro;
— *Arte* (uma outra obra), dois Livros;
— *Metódica*, um Livro;
— *Coleção da Arte de Teodectes*, um Livro;
— *Tratado sobre a Arte da Poesia*, dois Livros;
— *Entimemas Retóricos*, um Livro;
— *Da Magnitude*, um Livro;
— *Divisões de Entimemas*, um Livro;
— *Da Dicção*, dois Livros;
— *Dos Conselhos*, um Livro;

— *Coleção*, dois Livros;
— *Da Natureza*, três Livros;
— *Natureza*, um Livro;
— *Da Filosofia de Árquitas*, três Livros;
— *Da Filosofia de Espeusipo e Xenócrates*, um Livro;
— *Excertos do Timeu e dos Trabalhos de Árquitas*, um Livro;
— *Contra Melisso*, um Livro;
— *Contra Alcmeon*, um Livro;
— *Contra os Pitagóricos*, um Livro;
— *Contra Górgias*, um Livro;
— *Contra Xenófanes*, um Livro;
— *Contra Zenão*, um Livro;
— *Dos Pitagóricos*, um Livro;
— *Dos Animais*, nove Livros;
— *Dissecações*, oito Livros;
— *Seleção de Dissecações*, um Livro;
— *Dos Animais Complexos*, um Livro;
— *Dos Animais Mitológicos*, um Livro;
— *Da Esterilidade*, um Livro;
— *Das Plantas*, dois Livros
— *Fisiognomonia*, um Livro;
— *Medicina*, dois Livros;
— *Das Unidades*, um Livro;
— *Sinais de Tempestade*, um Livro;
— *Astronomia*, um Livro;
— *Ótica*, um Livro;
— *Do Movimento*, um Livro;
— *Da Música*, um Livro;
— *Memória*, um Livro;
— *Problemas Homéricos*, seis Livros;
— *Poética*, um Livro;
— *Física* (por ordem alfabética), trinta e oito Livros;

— *Problemas Adicionais*, dois Livros;
— *Problemas Padrões*, dois Livros;
— *Mecânica*, um Livro;
— *Problemas de Demócrito*, dois Livros;
— *Do Magneto*, um Livro;
— *Conjunções dos Astros*, um Livro;
— *Miscelânea*, doze Livros;
— *Explicações* (ordenadas por assunto), catorze Livros;
— *Afirmações*, um Livro;
— *Vencedores Olímpicos*, um Livro;
— *Vencedores Pítios na Música*, um Livro;
— *Sobre Píton*, um Livro;
— *Listas dos Vencedores Pítios*, um Livro;
— *Vitórias em Dionísia*, um Livro;
— *Das Tragédias*, um Livro;
— *Didascálias*, um Livro;
— *Provérbios*, um Livro;
— *Regras para os Repastos em Comum*, um Livro;
— *Leis*, quatro Livros;
— *Categorias*, um Livro;
— *Da Interpretação*, um Livro;
— *Constituições de 158 Estados* (ordenadas por tipo: democráticas, oligárquicas, tirânicas, aristocráticas);
— *Cartas a Filipe*;
— *Cartas sobre os Selimbrianos*;
— *Cartas a Alexandre* (4), *a Antipater* (9), *a Mentor* (1), *a Aríston* (1), *a Olímpias* (1), *a Hefaístion* (1), *a Temistágoras* (1), *a Filoxeno* (1), *a Demócrito* (1);
— *Poemas*;
— *Elegias*.

Curiosamente, esse elenco gigantesco não é, decerto, exaustivo, pois, no mínimo, duas outras fontes da investigação bibliográfica de Aristóteles apontam títulos adicionais, inclusive alguns dos mais importantes da

lavra do Estagirita, como a *Metafísica* e a *Ética a Nicômaco*. Uma delas é a *Vita Menagiana*, cuja conclusão da análise acresce ao elenco anterior:
— *Peplos*;
— *Problemas Hesiódicos*, um Livro;
— *Metafísica*, dez Livros;
— *Ciclo dos Poetas*, três Livros;
— *Contestações Sofísticas ou Da Erística*;
— *Problemas dos Repastos Comuns*, três Livros;
— *Da Bênção, ou por que Homero inventou o gado do sol?*;
— *Problemas de Arquíloco, Eurípides, Quoirilos*, três Livros;
— *Problemas Poéticos*, um Livro;
— *Explicações Poéticas*;
— *Palestras sobre Física*, dezesseis Livros;
— *Da Geração e Corrupção*, dois Livros;
— *Meteorológica*, quatro Livros;
— *Da Alma*, três Livros;
— *Investigação sobre os Animais*, dez Livros;
— *Movimento dos Animais*, três Livros;
— *Partes dos Animais*, três Livros;
— *Geração dos Animais*, três Livros;
— *Da Elevação do Nilo*;
— *Da Substância nas Matemáticas*;
— *Da Reputação*;
— *Da Voz*;
— *Da Vida em Comum de Marido e Mulher*;
— *Leis para o Esposo e a Esposa*;
— *Do Tempo*;
— *Da Visão*, dois Livros;
— *Ética a Nicômaco*;
— *A Arte da Eulogia*;
— *Das Coisas Maravilhosas Ouvidas*;
— *Da Diferença*;
— *Da Natureza Humana*;

— *Da Geração do Mundo*;
— *Costumes dos Romanos*;
— *Coleção de Costumes Estrangeiros*.

A *Vida de Ptolomeu*, por sua vez, junta os títulos a seguir:
— *Das Linhas Indivisíveis*, três Livros;
— *Do Espírito*, três Livros;
— *Da Hibernação*, um Livro;
— *Magna Moralia*, dois Livros;
— *Dos Céus e do Universo*, quatro Livros;
— *Dos Sentidos e Sensibilidade*, um Livro;
— *Da Memória e Sono*, um Livro;
— *Da Longevidade e Efemeridade da Vida*, um Livro;
— *Problemas da Matéria*, um Livro;
— *Divisões Platônicas*, seis Livros;
— *Divisões de Hipóteses*, seis Livros;
— *Preceitos*, quatro Livros;
— *Do Regime*, um Livro;
— *Da Agricultura*, quinze Livros;
— *Da Umidade*, um Livro;
— *Da Secura*, um Livro;
— *Dos Parentes*, um Livro.

A contemplar essa imensa produção intelectual (a maior parte da qual irreversivelmente desaparecida ou destruída), impossível encarar a questão central dos apócrifos e dos suspeitos como polêmica. Trata-se, apenas, de um fato cultural em que possam se debruçar especialistas e eruditos. Nem se o gênio de Estagira dispusesse dos atuais recursos de preparação e produção editoriais (digitação eletrônica, impressão a *laser*, *scanners* etc.) e não meramente de redatores e copiadores de manuscritos, poderia produzir isolada e individualmente uma obra dessa extensão e magnitude, além do que, que se frise, nos muitos apócrifos indiscutíveis, o pensamento filosófico ali contido *persiste* sendo do intelecto brilhante de um só homem: Aristóteles; ou seja, se a forma e a redação não são de Aristóteles, o conteúdo certamente é.

A relação final a ser apresentada é do que dispomos hoje de Aristóteles, considerando-se as melhores edições das obras completas do Estagirita, baseadas nos mais recentes estudos e pesquisas dos maiores helenistas dos séculos XIX e XX. À exceção da *Constituição de Atenas*, descoberta em 1880 e dos *Fragmentos*, garimpados e editados em inglês por W. D. Ross em 1954, essa relação corresponde *verbatim* àquela da edição de Immanuel Bekker (que permanece padrão e referencial), surgida em Berlim em 1831. É de se enfatizar que este elenco, graças ao empenho de Bekker (certamente o maior erudito aristotelista de todos os tempos) encerra também uma ordem provável, ou ao menos presumível, do desenvolvimento da reflexão peripatética ou, pelos menos, da redação das obras (insinuando uma certa continuidade), o que sugere um excelente guia e critério de estudo para aqueles que desejam ler e se aprofundar na totalidade da obra aristotélica, mesmo porque a interconexão e progressão das disciplinas filosóficas (exemplo: *economia – ética – política*) constituem parte indubitável da técnica expositiva de Aristóteles. Disso ficam fora, obviamente, a *Constituição de Atenas* e os *Fragmentos*. Observe-se, contudo, que a ordem abaixo não corresponde exatamente à ordem numérica progressiva do conjunto das obras.

Eis a relação:

— *Categorias* (ΚΑΤΗΓΟΡΙΑΙ);

— *Da Interpretação* (ΠΕΡΙ ΕΡΜΗΝΕΙΑΣ);

— *Analíticos Anteriores* (ΑΝΑΛΥΤΙΚΩΝ ΠΡΟΤΕΡΩΝ);

— *Analíticos Posteriores* (ΑΝΑΛΥΤΙΚΩΝ ΥΣΤΕΡΩΝ);

— *Tópicos* (ΤΟΠΙΚΑ);

— *Refutações Sofísticas* (ΠΕΡΙ ΣΟΦΙΣΤΙΚΩΝ ΕΛΕΓΧΩΝ);

    Obs.: o conjunto desses seis primeiros tratados é conhecido como *Órganon* (ΟΡΓΑΝΟΝ).

— *Da Geração e Corrupção* (ΠΕΡΙ ΓΕΝΕΣΕΩΣ ΚΑΙ ΦΘΟΡΑΣ);

— *Do Universo* (ΠΕΡΙ ΚΟΣΜΟΥ);[*]

— *Física* (ΦΥΣΙΚΗ);

— *Do Céu* (ΠΕΡΙ ΟΥΡΑΝΟΥ);

— *Meteorologia* (ΜΕΤΕΩΡΟΛΟΓΙΚΩΝ);

(*). Suspeito.

— *Da Alma* (ΠΕΡΙ ΨΥΧΗΣ);

— *Do Sentido e dos Sensíveis* (ΠΕΡΙ ΑΙΣΘΗΣΕΩΣ ΚΑΙ ΑΙΣΘΗΤΩΝ);

— *Da Memória e da Revocação* (ΠΕΡΙ ΜΝΗΜΗΣ ΚΑΙ ΑΝΑΜΝΗΣΕΩΣ);

— *Do Sono e da Vigília* (ΠΕΡΙ ΥΠΝΟΥ ΚΑΙ ΕΓΡΗΓΟΡΣΕΩΣ);

— *Dos Sonhos* (ΠΕΡΙ ΕΝΥΠΝΙΩΝ);

— *Da Divinação no Sono* (ΠΕΡΙ ΤΗΣ ΚΑΘ΄ΥΠΝΟΝ ΜΑΝΤΙΚΗΣ);

— *Da Longevidade e da Efemeridade da Vida* (ΠΕΡΙ ΜΑΚΡΟΒΙΟΤΗΤΟΣ ΚΑΙ ΒΡΑΧΥΒΙΟΤΗΤΟΣ);

— *Da Juventude e da Velhice. Da Vida e da Morte* (ΠΕΡΙ ΝΕΟΤΗΤΟΣ ΚΑΙ ΓΗΡΩΣ. ΠΕΡΙ ΖΩΗΣ ΚΑΙ ΘΑΝΑΤΟΥ);

— *Da Respiração* (ΠΕΡΙ ΑΝΑΠΝΟΗΣ);

> Obs.: o conjunto dos oito últimos pequenos tratados é conhecido pelo título latino *Parva Naturalia*.

— *Do Alento* (ΠΕΡΙ ΠΝΕΥΜΑΤΟΣ);[*]

— *Da Investigação sobre os Animais* (ΠΕΡΙ ΤΑ ΖΩΑ ΙΣΤΟΡΙΑΙ);

— *Das Partes dos Animais* (ΠΕΡΙ ΖΩΩΝ ΜΟΡΙΩΝ);

— *Do Movimento dos Animais* (ΠΕΡΙ ΖΩΩΝ ΚΙΝΗΣΕΩΣ);

— *Da Marcha dos Animais* (ΠΕΡΙ ΠΟΡΕΙΑΣ ΖΩΩΝ);

— *Da Geração dos Animais* (ΠΕΡΙ ΖΩΩΝ ΓΕΝΕΣΕΩΣ);

— *Das Cores* (ΠΕΡΙ ΧΡΩΜΑΤΩΝ);[*]

— *Das Coisas Ouvidas* (ΠΕΡΙ ΑΚΟΥΣΤΩΝ);[*]

— *Fisiognomonia* (ΦΥΣΙΟΓΝΩΜΟΝΙΚΑ);[*]

— *Das Plantas* (ΠΕΡΙ ΦΥΤΩΝ);[*]

— *Das Maravilhosas Coisas Ouvidas* (ΠΕΡΙ ΘΑΥΜΑΣΙΩΝ ΑΚΟΥΣΜΑΤΩΝ);[*]

— *Mecânica* (ΜΗΧΑΝΙΚΑ);[*]

— *Das Linhas Indivisíveis* (ΠΕΡΙ ΑΤΟΜΩΝ ΓΡΑΜΜΩΝ);[*]

— *Situações e Nomes dos Ventos* (ΑΝΕΜΩΝ ΘΕΣΕΙΣ ΚΑΙ ΠΡΟΣΗΓΟΡΙΑΙ);[*]

---

[*]. Suspeito.

— *Sobre Melisso, sobre Xenófanes e sobre Górgias* (ΠΕΡΙ ΜΕΛΙΣΣΟΥ, ΠΕΡΙ ΞΕΝΟΦΑΝΟΥΣ, ΠΕΡΙ ΓΟΡΓΙΟΥ);[*]
— *Problemas* (ΠΡΟΒΛΗΜΑΤΑ);[**]
— *Retórica a Alexandre* (ΡΗΤΟΡΙΚΗ ΠΡΟΣ ΑΛΕΞΑΝΔΡΟΝ);[*]
— *Metafísica* (ΤΑ ΜΕΤΑ ΤΑ ΦΥΣΙΚΑ);
— *Economia* (ΟΙΚΟΝΟΜΙΚΑ);[**]
— *Magna Moralia* (ΗΘΙΚΑ ΜΕΓΑΛΑ);[**]
— *Ética a Nicômaco* (ΗΘΙΚΑ ΝΙΚΟΜΑΧΕΙΑ);
— *Ética a Eudemo* (ΗΘΙΚΑ ΕΥΔΗΜΕΙΑ);
— *Das Virtudes e dos Vícios* (ΠΕΡΙ ΑΡΕΤΩΝ ΚΑΙ ΚΑΚΙΩΝ);[*]
— *Política* (ΠΟΛΙΤΙΚΑ);
— *Retórica* (ΤΕΧΝΗ ΡΗΤΟΡΙΚΗ);
— *Poética* (ΠΕΡΙ ΠΟΙΗΤΙΚΗΣ);
— *Constituição de Atenas* (ΑΘΗΝΑΙΩΝ ΠΟΛΙΤΕΙΑ);[***]
— Fragmentos.[****]

---

[*]. Suspeito.
[**]. Apócrifo.
[***]. Ausente na edição de 1831 de Bekker e sem sua numeração, já que este tratado só foi descoberto em 1880.
[****]. Ausente na edição de 1831 de Bekker e sem sua numeração, uma vez que foi editado em inglês somente em 1954 por W. D. Ross.

CRONOLOGIA

As datas (a.C.) aqui relacionadas são, em sua maioria, aproximadas, e os eventos indicados contemplam apenas os aspectos filosófico, político e militar.

481 – Criada a confederação das cidades-Estado gregas comandada por Esparta para combater o inimigo comum: os persas.

480 – Os gregos são fragorosamente derrotados pelos persas nas Termópilas (o último reduto de resistência chefiado por Leônidas de Esparta e seus *trezentos* é aniquilado); a acrópole é destruída; no mesmo ano, derrota dos persas em Salamina pela esquadra chefiada pelo ateniense Temístocles.

479 – Fim da guerra contra os persas, com a vitória dos gregos nas batalhas de Plateia e Micale.

478-477 – A Grécia é novamente ameaçada pelos persas; formação da *Liga Délia*, dessa vez comandada pelos atenienses.

469 – Nascimento de Sócrates em Atenas.

468 – Os gregos derrotam os persas no mar.

462 – Chegada de Anaxágoras de Clazomena a Atenas.

462-461 – Promoção do governo democrático em Atenas.

457 – Atenas conquista a Beócia.

456 – Conclusão da construção do templo de Zeus em Olímpia.

447 – O Partenon começa a ser construído.

444 – Protágoras de Abdera redige uma legislação para a nova colônia de Túrio.
431 – Irrompe a Guerra do Peloponeso entre Atenas e Esparta.
429 – Morte de Péricles.
427 – Nascimento de Platão em Atenas.
421 – Celebrada a paz entre Esparta e Atenas.
419 – Reinício das hostilidades entre Esparta e Atenas.
418 – Derrota dos atenienses na batalha de Mantineia.
413 – Nova derrota dos atenienses na batalha de Siracusa.
405 – Os atenienses são mais uma vez derrotados pelos espartanos na Trácia.
404 – Atenas se rende a Esparta.
399 – Morte de Sócrates.
385 – Fundação da Academia de Platão em Atenas.
384 – Nascimento de Aristóteles em Estagira.
382 – Esparta toma a cidadela de Tebas.
378 – Celebradas a paz e a aliança entre Esparta e Tebas.
367 – Chegada de Aristóteles a Atenas.
359 – Ascensão ao trono da Macedônia de Filipe II e começo de suas guerras de conquista e expansão.
347 – Morte de Platão.
343 – Aristóteles se transfere para a Macedônia a assume a educação de Alexandre.
338 – Filipe II derrota os atenienses e seus aliados na batalha de Queroneia, e a conquista da Grécia é concretizada.
336 – Morte de Filipe II e ascensão de Alexandre ao trono da Macedônia.
335 – Fundação do Liceu em Atenas.
334 – Alexandre derrota os persas na Batalha de Granico.
331 – Nova vitória de Alexandre contra os persas em Arbela.
330 – Os persas são duramente castigados por Alexandre em Persépolis, encerrando-se a expedição contra os mesmos.
323 – Morte de Alexandre.
322 – Transferência de Aristóteles para Cálcis, na Eubeia; morte de Aristóteles.

LIVRO I

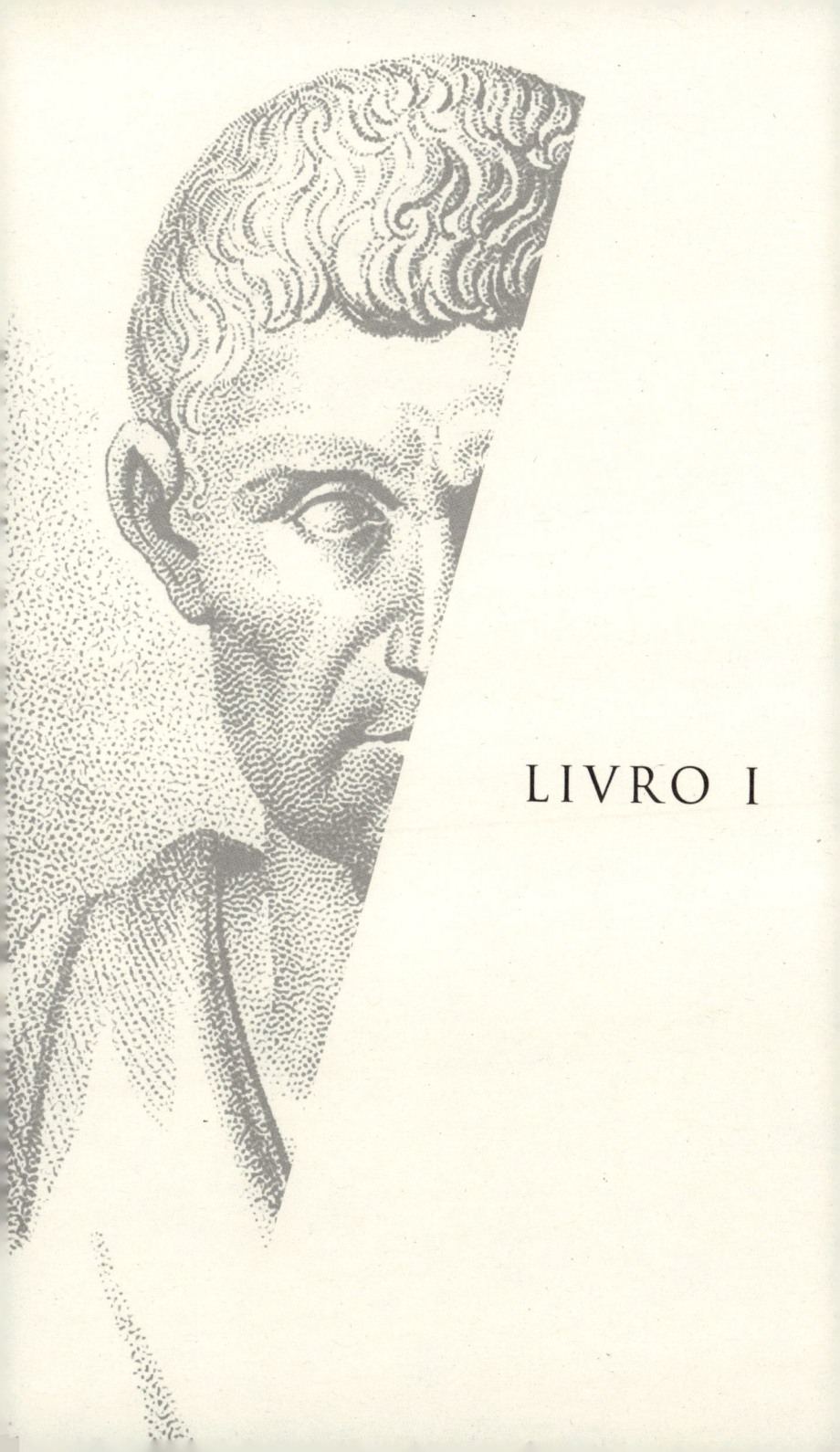

1

314a1 COM RESPEITO À GERAÇÃO E CORRUPÇÃO das coisas que naturalmente *vêm a ser e cessam de ser*,[1] todas uniformemente, cabe-nos distinguir suas causas e as definições dessas; ademais, é necessária uma abordagem do *crescimento e da alteração*[2], numa indagação do
5 que significa cada um, e se estamos facultados a supor a natureza idêntica de alteração e geração (vir a ser), ou se essa natureza é distinta, em consonância com os nomes que as distingue.

Entre os antigos, há os que afirmam que aquilo que se denomina geração simples é alteração, enquanto outros sustentam que alteração e geração são diferentes. Para aqueles que concebem *o universo*[3] como *um algo*[4] e a geração (vir a ser) de todas as coisas a
10 partir da unidade, há a necessidade de sustentar que geração (vir a ser) é alteração *e que o que estritamente vem a ser sofre alteração*[5]. Para aqueles que concebem que *a matéria*[6] não é una, mas múl-

---

1. ...γινομένων καὶ φθειρομένων, ... (*ginoménon kaì phtheiroménon*). Nossa tradução, já de imediato diferenciada envolvendo os verbos correspondentes aos substantivos γένεσις (*génesis*) e φθορά (*phthorá*), nominativo singular, que integram o título consagrado desta obra de Aristóteles, objetiva alertar o leitor que essas palavras gregas, diferentemente das nossas (geração, nascimento, gênese, destruição, corrupção, ruína, dissolução, perecimento), que exprimem um sentido físico e, sobretudo, biológico, abarcam em grego um sentido também *ontológico*, pelo que costumaremos acompanhar o nosso termo *geração* pela expressão *vir a ser* e o termo *corrupção* pela expressão *cessar* (ou *cessação*) *de ser*.
2. ...αὐξήσεως καὶ ἀλλοιώσεως, ... (*ayxéseos kaì alloióseos*).
3. ...τὸ πᾶν... (*tò pân*).
4. ...ἕν τι... (*hén ti*).
5. ...καὶ τὸ κυρίως γινόμενον ἀλλοιοῦσθαι... (*kaì tò kyríos ginómenon alloiŷsthai*).
6. ...τὴν ὕλην... (*tèn hýlen*).

tipla, como Empédocles,[7] Anaxágoras[8] e Leucipo,[9] geração e alteração são distintas. Anaxágoras, todavia, falhou na compreensão de seu próprio discurso; diz, por exemplo, que geração (vir a ser) e corrupção (cessar de ser) constituem algo idêntico a ser alterado. Como outros, diz que *os elementos*[10] são muitos. Para Empédocles, os elementos corpóreos são quatro, mas, na sua totalidade, associados aos que geram movimento, são em número de seis. Para Anaxágoras, Leucipo e Demócrito[11], seu número é infinito. O primeiro desses, com efeito, postula *as [coisas constituídas de] partes semelhantes*[12] como elementos – *do que são exemplos o osso, a carne e o tutano* –[13] e cada uma das outras coisas nas quais a parte tem o mesmo nome do todo; afirmam, por sua vez, Demócrito e Leucipo que tudo o mais é composto de *corpos indivisíveis*[14], e que esses são infinitos tanto na sua quantidade quanto nas suas formas, enquanto os compostos diferem entre si tanto na sua constituição quanto no que diz respeito à sua posição e ordem. Evidentemente a concepção de Anaxágoras e de seus adeptos opõe-se frontalmente à de Empédocles e dos seus; com efeito, diz Empédocles que *fogo, água, ar e terra*[15] são quatro elementos simples, e não carne, osso e as outras *coisas constituídas de partes semelhantes*; ao passo que os primeiros[16] concebem tais coisas como simples elementos, enquanto concebem a terra, o fogo, a água e o ar como compostos, uma vez que cada um desses é uma *base mista composta de todo tipo de sementes*[17] para aquelas coisas.

---

7. Empédocles de Agrigento (século V a.C.), poeta e filósofo da natureza pré-socrático.
8. Anaxágoras de Clazômena (século V a.C.), filósofo da natureza pré-socrático.
9. Leucipo de Abdera (Eleia ou Mileto) (século V a.C.), filósofo da natureza pré-socrático.
10. ...τὰ στοιχεῖα, ... (*tà stoikheîa*).
11. Demócrito de Abdera (século V a.C.), filósofo da natureza pré-socrático, discípulo de Leucipo.
12. ...τὰ ὁμοιομερῆ... (*tà homoiomerê*).
13. ...οἷον ὀστοῦν καὶ σάρκα καὶ μυελόν, ... (*hoîon ostoýn kaì sárka kaì myelón*).
14. ...σωμάτων ἀδιαιρέτων... (*somáton adiairéton*).
15. ...πῦρ καὶ ὕδωρ καὶ ἀέρα καὶ γῆν... (*pŷr kaì hýdor kaì aéra kaì gên*).
16. Ou seja, Anaxágoras e seus seguidores.
17. ...πανσπερμίαν... (*panspermían*).

Portanto, aqueles que constroem tudo a partir de um elemento único estão necessariamente obrigados a declarar que geração (vir a ser) e corrupção (cessar de ser) são alteração; para eles, *com efeito, o substrato permanece sempre o mesmo e uno*[18] (e dizemos que é esse substrato que é submetido à alteração); aqueles, entretanto, que concebem a multiplicidade dos gêneros das coisas, ou seja, que existe mais de um gênero, acham-se obrigados a sustentar que alteração e geração (vir a ser) são distintos, uma vez que geração (vir a ser) e corrupção (cessar de ser) acontecem por ocasião da união e dissolução das coisas. Eis por que Empédocles também se expressa sugerindo aproximadamente a mesma ideia ao dizer: *não existe nenhuma geração, mas tão só associação e dissociação do que foi associado.*[19] Evidencia-se, portanto, que a explicação que, desse modo, apresentam delas[20] coaduna-se com a própria hipótese, e que é assim realmente que explicam as coisas; impõe-se, contudo, que reconheçam que alteração e geração (vir a ser) são distintas, o que as opiniões que expressam os impossibilitam de fazer com coerência. Fácil atinar com nosso acerto ao dizer isso. Com efeito, tal como vemos se processarem mudanças de grandeza nas coisas, algo que designamos como *crescimento e diminuição*[21], a despeito de permanecerem imutáveis em sua *substância*[22], assim vemos alteração. Todavia, quanto à ocorrência da alteração, não é possível aceitarmos o que sustentam aqueles que postulam a existência de mais de um princípio. De fato, as *propriedades passivas*[23] em relação às quais dizemos ocorrer mudança são diferenças dos elementos; digo, por

---

18. ...ἀεὶ γὰρ μένειν τὸ ὑποκείμενον ταὐτὸ καὶ ἕν... (*aeì gàr ménein tò hypokeímenon taytò kaì hén*).
19. ...φύσις οὐδενός ἐστιν, ἀλλὰ μόνον μίξις τε διάλλαξίς τε μιγέντων. ... (*phýsis oydenós estin, allà mónon míxis te diállaxís te migénton*). Diels, fragm. 8. μίξις (*míxis*) tem igualmente o sentido de mescla, tal como διάλλαξίς (*diállaxís*) o de permuta, intercâmbio. [Diels, fragm. – *Die Fragmente der Vorsokratiker* (Os fragmentos dos pré-socráticos) de Hermann Alexander Diels (N.E.)].
20. Ou seja, da geração (vir a ser) e da corrupção (cessar de ser).
21. ...αὔξησιν καὶ φθίσιν, ... (*aýxesin kaì phthísin*).
22. ...οὐσίας... (*oysías*).
23. ...πάθη, ... (*páthe*).

exemplo, quente e frio, branco e preto, seco e úmido, mole e duro, e cada uma das outras, como diz Empédocles:

> *Para a visão, o sol é brilhante e quente em toda parte,*
> *A chuva, escura e glacial em toda parte...*[24]

...e ele determina igualmente os elementos restantes. Daí concluir-se que, como não é possível a água ser gerada a partir do fogo, nem a terra a partir da água, tampouco o preto será gerado a partir do branco, ou o duro a partir do mole; idêntico argumento vale também para as outras [propriedades]. Isso, entretanto, era alteração. Graças a tal coisa evidencia-se, inclusive, que uma matéria simples tem de ser sempre suposta como fundamento dos contrários, seja na mudança de lugar, seja na de crescimento e diminuição, seja a de alteração; que, ademais, a existência dessa matéria e a da alteração são igualmente necessárias, pois na ocorrência da alteração o substrato é um elemento único, decorrendo que tudo o que se transforma entre si encerra matéria única, e, inversamente, se o substrato é único, há alteração.

Parece, portanto, que Empédocles contradiz tanto os fatos que se mostram quanto a si mesmo. Com efeito, nega que um elemento seja gerado por outro, mas afirma, ao mesmo tempo, que todas as demais coisas são geradas (vêm a ser) a partir desses elementos; e, ao mesmo tempo, após congregar toda a natureza, salvo *a discórdia*,[25] no uno, faz cada coisa vir a ser *a partir do uno*[26]. Fica claro, em decorrência disso, que, quando da dissociação produzida devido a certas diferenças e propriedades, *a partir de um uno*[27] alguma coisa veio a ser água, enquanto outra, fogo, como, a propósito, ele diz ser o sol brilhante e quente, *ao passo que a terra, pesada e dura*[28]. É óbvio, portanto, que supondo a eliminação dessas diferenças (sen-

---

24. ...ἠέλιον μὲν λευκὸν ὁρᾶν καὶ θερμὸν ἁπάντῃ, ὄμβρον δ' ἐν πᾶσιν δνοφόεντά τε ῥιγαλέον τε, ... (*eélion mèn leykòn horân kai thermòn hapántei, ómbron d' en pâsin dnophóentá te rigaléon te,*). Diels, fragm. 21.
25. ...τοῦ νείκους, ... (*toŷ neíkoys,*).
26. ...ἐκ τοῦ ἑνὸς... (*ek toŷ henòs*).
27. ...ἐξ ἑνός... (*ex henós*).
28. ...τὴν δὲ γῆν βαρὺ καὶ σκληρόν. ... (*tèn dè gên barỳ kaì sklerón.*).

do essa eliminação possível, uma vez que elas vieram a ser), a terra necessariamente viria a ser (seria gerada) a partir da água e a água, a partir da terra, o mesmo ocorrendo com cada um dos outros elementos, *não só então, mas também presentemente, com a mu-*
15 *dança de suas propriedades passivas*[29]. Com base no que ele disse, eles[30] podem se associar e, inversamente, se dissociar, sobretudo considerando-se que *a discórdia e a amizade*[31] ainda mantêm um mútuo conflito. Isso também explica a geração (vir a ser) dos elementos a partir de um uno; com efeito, é de supor que fogo, terra e água de modo algum existiam de maneira dissociada quando *o todo*[32] era uno. Também não há clareza quanto a se devemos enten-
20 der como o princípio de Empédocles *o uno ou os muitos*[33], com o que quero dizer o fogo, a terra e seus congêneres. De fato, o uno, na medida em que constitui substrato como matéria, é um elemento, e, a partir dessa matéria, terra e fogo vêm a ser pela mudança devida ao *movimento*[34]; por outro lado, na medida em que o uno vem a ser a partir da composição devida à combinação do múltiplo, ao passo que o múltiplo é gerado a partir da dissolução, este último é *mais*
25 *elementar*[35] do que o uno, e naturalmente anterior a esse.

2

É PRECISO, POR CONSEGUINTE, discutirmos genericamente a questão da geração (vir a ser) e corrupção (cessar de ser) simples, se existem ou não existem e, se existem, como existem, além de discutirmos os outros movimentos simples, como o crescimento e a

---

29. ...οὐ τότε μόνον ἀλλὰ καὶ νῦν, μεταβάλλοντά γε τοῖς πάθεσιν. ... (*oy tóte mónon allà kaì nŷn, metabállontá ge toîs páthesin.*).
30. Ou seja, os elementos.
31. ...τοῦ νείκους καὶ τῆς φιλίας. ... (*toý neíkoys kaì tês philías.*).
32. ...τὸ πᾶν. ... (*tò pân.*).
33. ...τὸ ἓν ἢ τὰ πολλά, ... (*tò hèn è tà pollá,*), ou seja, *a unidade ou a multiplicidade.*
34. ...κίνησιν... (*kínesin*).
35. ...στοιχειωδέστερα... (*stoikheiodéstera*).

alteração. Platão[36] limitou-se a investigar a geração (vir a ser) e a corrupção (cessar de ser) do ponto de vista de sua inerência nas coisas, não tratando da primeira em termos gerais, mas somente no que respeita aos elementos;[37] nada indagou sobre a geração da carne ou dos ossos e de outras coisas semelhantes a essas; ademais, não tratou nem da alteração nem do crescimento, de como existem nas coisas. Em síntese, ninguém, exceto Demócrito, devotou-se a esses temas, a não ser superficialmente. Parece que Demócrito refletiu sobre todos esses assuntos, primando desde o início pelo seu método de abordagem. Com efeito, como dizemos, ninguém mais se manifestou distintamente acerca do assunto crescimento, ao menos não além do que faria qualquer leigo, ou seja, afirmar que as coisas crescem graças à aproximação dos semelhantes (sem explicar como isso ocorre), nada nos informando sobre a associação (mescla) e, tampouco, quase nada sobre as demais questões, *por exemplo o agir e o sofrer ação*[38], ou seja, como no que diz respeito às ações naturais, uma coisa exerce ação sobre outra, enquanto esta sofre a ação da primeira. Demócrito e Leucipo, contudo, postulam *as figuras*[39], sendo a alteração e a geração (vir a ser) produzidas a partir delas, geração e corrupção (cessar de ser) ocorrendo por meio da associação e da dissociação dessas figuras, *mas alteração por meio de sua ordem e posição*[40]. *E como concebiam que a verdade estava no aparecer, sendo as aparências oponentes e infinitas, fizeram as figuras infinitas,*[41] resultando que, devido às mudanças ocorridas

---

36. Platão de Atenas (427?-347? a.C.), filósofo e mestre de Aristóteles.
37. No *Timeu*. [Ver *Timeu e Crítias ou a Atlântida*, obra publicada em *Clássicos Edipro*. (N.E.)]
38. ...οἷον τοῦ ποιεῖν καὶ τοῦ πάσχειν, ... (*hoîon toŷ poieîn kaì toŷ páskhein,*). Aristóteles refere-se às *categorias* da ação e da paixão.
39. ...τὰ σχήματα... (*tà skhémata*).
40. ...τάξει δὲ καὶ θέσει ἀλλοίωσιν. ... (*táxei dè kaì thései alloíosin.*).
41. ...ἐπεὶ δ' ᾤοντο τἀληθὲς ἐν τῷ φαίνεσθαι, ἐναντία δὲ καὶ ἄπειρα τὰ φαινόμενα, τὰ σχήματα ἄπειρα ἐποίησαν, ... (*epeì d' oíonto t'alethès en tôi phaínesthai, enantía dè kaì ápeira tà phainómena, tà skhémata ápeira epoíesan,*), ou, numa tradução menos vizinha da literalidade: ...E como concebiam que a verdade estava naquilo que aparece, estando as aparências em oposição e sendo numericamente infinitas, construíram as figuras numericamente infinitas, ... τὰ φαινόμενα (*tà phainómena*) é tudo aquilo que aparece, que

no composto, a diferentes indivíduos a mesma coisa parece oposta e transposta, isso graças à adição de um pequeno ingrediente; além disso, a coisa se mostra completamente distinta por conta da transposição de um único constituinte. Com efeito, é das mesmas letras
15 que são compostas uma tragédia e uma comédia.

A considerar que quase todos pensam ser diferentes geração (vir a ser) e alteração, e que as coisas vêm a ser e cessam de ser associando-se e dissociando-se, mas é pela mudança de suas propriedades que são alteradas, é necessário nos focarmos nessas concepções e investigá-las. De fato, suscitam muitas questões no limite
20 do razoável. Com efeito, se o vir a ser é *associação*[42], *o resultado será mergulharmos largamente na esfera da impossibilidade*;[43] e, contudo, há outros argumentos *imperiosos*[44] e de difícil solução que atestam que não pode ser de modo diferente. Se, por outro lado, o vir a ser (geração) não é associação, *ou* o vir a ser de modo algum existe, *ou* é alteração, *ou* então temos que nos empenhar em solucionar essa questão também, independentemente de ser difícil.

25 A abordagem de todas essas questões começa por nos indagarmos se é por serem *as coisas existentes primárias*[45] grandezas indivisíveis que *as coisas que são*[46] vêm a ser, se alteram, crescem e são submetidas às mudanças opostas, *ou* se nenhuma grandeza é indivisível. Com efeito, faz enorme diferença a postura que aqui adotarmos. Ademais, na hipótese de serem as coisas existentes primárias grandezas indivisíveis, é de se indagar se são corpos, que é
30 o que afirmam Demócrito e Leucipo, ou se, como consta no *Timeu*, são superfícies planas. É em si irracional, como o dissemos em

---

se mostra, que se revela a nós. Os "fenômenos", como tais, distinguem-se e contrapõem-se aos seres (τὰ ὄντα [*tà ónta*]).

42. ...σύγκρισις... (*sýgkrisis*), incorporando também o sentido de combinação ou mescla.
43. ...πολλὰ ἀδύνατα συμβαίνει... (*pollà adýnata symbaínei*). Numa tradução compacta e literal diríamos: ...muitas coisas impossíveis resultam... .
44. ...ἀναγκαστικοί... (*anagkastikoí*).
45. ...τῶν πρώτων ὑπαρχόντων... (*tôn próton hyparkhónton*).
46. ...τὰ ὄντα... (*tà ónta*).

outra parte,⁴⁷ depois de decompô-las em planos, ir até aí e encerrar o assunto. Daí a maior razoabilidade em concebê-las como sendo corpos indivisíveis. Mas essa concepção também implica muita irracionalidade, ainda que, como dissemos, seja possível produzir com eles alteração e geração (vir a ser) recorrendo-se à transposição mediante *giro e inter-contato*⁴⁸ somados às diversidades das figuras⁴⁹ da mesma coisa, como faz Demócrito (daí dizer ele que não existe cor, pois esta é produzida pelo giro das figuras); produzi-las⁵⁰, porém, não é uma tarefa possível para aqueles que dividem corpos em planos; com efeito, tudo o que pode ser gerado pela combinação de planos são sólidos; não ocorre, da parte deles, sequer a tentativa de gerar qualquer propriedade a partir deles.

É nossa *falta de experiência*⁵¹ que causa a incapacidade de experimentarmos uma visão de conjunto dos fatos aceitos. Aqueles, portanto, que estão mais entrosados *nos fenômenos naturais*⁵² são mais habilitados para a tarefa de estabelecer princípios que possibilitem coesão e maior abrangência; quanto aos que, desprezando o que existe de factual, empreendem discursos prolixos, traem-se facilmente como homens de pouca visão. Isso nos revela igualmente a expressiva diferença entre os que têm como meta em sua investigação os fenômenos naturais e os que recorrem à dialética. De fato, há uma escola de pensamento⁵³ que, ao tratar das grandezas *indivisíveis*⁵⁴, sustenta que se essas não existirem, o *triângulo em si será múltiplo*⁵⁵, ao passo que pareceria que Demócrito obteve seu convencimento a partir de argumentos apropriados respaldados pela observação dos fenômenos naturais. Na sequência o que almejamos dizer ganhará clareza.

---

47. Ver *Do Céu*, Livro III, 299a3-10. [Obra publicada em *Clássicos Edipro*. (N.E.)]
48. ...τροπῇ καὶ διαθιγῇ... (*tropêi kaì diathigêi*).
49. ...ταῖς τῶν σχημάτων διαφοραῖς, ... (*taîs tôn skhemáton diaphoraîs*).
50. Ou seja, a alteração e a geração (vir a ser).
51. ...ἀπειρία. ... (*apeiría*).
52. ...ἐν τοῖς φυσικοῖς, ... (*en toîs physikoîs,*).
53. Provável alusão à Academia de Platão.
54. ...ἄτομα... (*átoma*), literalmente, *não cortáveis*; por extensão, *insuscetíveis de divisão*.
55. ...τὸ αὐτοτρίγωνον πολλὰ ἔσται, ... (*tò aytotrígonon pollà éstai*.)

15 De fato, na hipótese de um corpo, que é uma grandeza, ser *divisível*[56] por completo, e se isso for possível, teremos uma dificuldade, a saber: qual será o corpo a se furtar à divisão? Se, efetivamente, for divisível por completo, havendo esta possibilidade, seria possível que tal divisão por completo fosse simultânea, ainda que tivesse havido simultaneidade nas divisões. Fosse esse o quadro, não se esbarraria na impossibilidade. Conclui-se que, se o corpo for
20 de tal natureza que permita sua divisão completa, quer *por metades*,[57] quer geralmente de qualquer outro modo, uma vez efetivada a divisão, o resultado obtido não será impossibilidade, estando essa descartada mesmo que ele tenha sido submetido a uma divisão em *inúmeras partes inúmeras vezes*[58], com a ressalva de que talvez ninguém tenha realizado essa divisão. Daí decorre que a divisibilidade por completo dele faculta-nos a suposição de que foi dividido. Nesse caso, o que restará? Uma *grandeza*?[59] Não, isso é impossível, pois
25 significa que haverá algo não dividido, quando o corpo foi dividido por completo. Entretanto, se nenhum corpo ou grandeza vier a subsistir a despeito da efetivação da divisão, seremos conduzidos a considerar de duas alternativas, uma: *ou* o corpo será a partir de *pontos*[60] e seus constituintes serão coisas destituídas de grandeza, *ou* será absolutamente nada, caso em que viria a ser a partir de nada e um composto de nada, e o todo nada seria senão uma aparência.
30 Do mesmo modo, se for a partir de pontos, significa que não será uma quantidade. Com efeito, quando os pontos mantinham contato e congregavam para formar uma grandeza singular, não contribuíam para tornar o todo maior. O fato de o todo ser dividido em duas partes ou mais não o tornava menor ou maior do que era anteriormente, a concluirmos que a combinação de todos os pontos não produzirá nenhuma grandeza. Mas esse mesmo argumento
316b1 seria aplicável ao supormos que durante a divisão do corpo uma

---

56. ...διαιρετόν,... (*diairetón,*).
57. ...κατὰ τὸ μέσον... (*katà tò méson*).
58. ...μυρία μυριάκις... (*myría myriákis*).
59. ...μέγεθος;... (*mégethos;*).
60. ...στιγμῶν... (*stigmôn*).

porção dele, *por exemplo, uma serradura*⁶¹ passasse a existir, com o que um corpo desprenderia da grandeza, daí a pergunta: em que sentido essa porção é divisível? Se em lugar de um corpo a se desprender, fosse sim alguma forma dissociável ou uma propriedade passiva, e se a grandeza constitui-se de pontos ou contatos dotados assim de propriedades passivas, é absurdo que uma grandeza seja
5 algo a partir de coisas que não são grandezas. *Ademais, onde estarão localizados os pontos e são imóveis ou se movem?*⁶² Acresça-se que um contato invariavelmente o é de duas coisas, considerando-se a presença de uma certa coisa além do contato, da divisão e do ponto. Na hipótese da postulação da divisibilidade por completo de qualquer corpo, seja qual for seu porte, o resultado seria tudo isso. Supondo, ademais, que uma vez finda a divisão de um pedaço de
10 madeira, ou de alguma outra coisa, eu o reintegrasse, ele voltaria a ser igual e uno. Isso claramente seria assim independentemente do ponto em que eu fizesse a incisão na madeira. Esta foi, portanto, dividida em potência por completo. O que existe, afinal, de teor adicional na madeira além da divisão? Se, com efeito, existe alguma propriedade passiva, como ocorre sua decomposição nesses constituintes e seu vir a ser a partir deles? E como ocorre a dissociação
15 desses constituintes? Conclui-se que, como é impossível as grandezas consistirem de contatos ou pontos, é necessário existir corpos e grandezas indivisíveis. Todavia, se esses forem postulados, toparemos com um resultado igualmente impossível. Em outra parte esse mesmo assunto foi tratado.⁶³ É preciso, entretanto, solucionarmos isso, de modo que a dificuldade deve ser enunciada novamente a partir do início.

20 Não há, portanto, nada de absurdo em *todo corpo perceptível*⁶⁴ ser divisível em qualquer um de seus pontos, bem como indivisível: *com efeito, será divisível em potência, ao passo que [indivisível] em*

---

61. ...οἷον ἔκπρισμα... (*hoîon ékprisma*).
62. ...ἔτι δὲ ποῦ ἔσονται, καὶ ἀκίνητοι ἢ κινούμεναι αἱ στιγμαί; ... (*éti dè poý ésontai, kaì akínetoi è kinoýmenai hai stigmaí;*).
63. Na *Física*.
64. ...ἅπαν σῶμα αἰσθητὸν... (*hápan sôma aisthetòn*).

*ato*⁶⁵. Pareceria, contudo, impossível ser divisível por completo em potência simultaneamente. Se, com efeito, fosse possível, resultaria no acontecimento real, não que seria simultaneamente ambos em ato,
25 a saber, indivisível e dividido, mas dividido simultaneamente em quaisquer de seus pontos. *Nada, portanto, restará, e o corpo terá se corrompido no incorpóreo, com isso podendo vir a ser novamente a partir de pontos ou absolutamente a partir de nada.*⁶⁶ E como isso é possível?

Revela-se, porém, que sua divisão é em grandezas dissociáveis que sempre diminuem de tamanho, desprendem-se entre si e são
30 efetivamente dissociadas. No caso da divisão de um corpo parte a parte, sua ruptura não seria infinita nem poderia essa divisão ocorrer simultaneamente em todo ponto (com efeito, algo impossível), tratando-se, sim, de uma divisão até um certo limite. Impõe-se, em decorrência disso, a presença necessária de grandezas indivisíveis ("atômicas") e *invisíveis*⁶⁷ no corpo, particularmente se a geração (vir a ser) e a corrupção (cessar de ser) forem por associação e dissociação. Eis aí, portanto, o argumento que parece impor a presença
317a1 de grandezas indivisíveis. Diremos, entretanto, que oculta um falso raciocínio e onde o oculta.

De fato, uma vez que um ponto não é *contíguo*⁶⁸ a um outro, a divisibilidade por completo das grandezas existe num sentido, mas não em outro. Considera-se, quando do reconhecimento de tal

---

65. ...τὸ μὲν γὰρ δυνάμει διαιρετόν, τὸ δ' ἐντελεχείᾳ ὑπάρξει. ... (*tò mèn gàr dynámei diairetón, tò d' entelekheíai hypárxei*). Os conceitos de δύναμις (*dýnamis*), potência, e ἐντελέχεια, ἐνέργεια (*entelékheia, enérgeia*), realização, ato, são fundamentais no pensamento aristotélico. São abordados, sobretudo, na *Física*, mas instrumentalizados em boa parte das obras do Estagirita, inclusive na *Metafísica*; os dois últimos são utilizados intercambiavelmente por Aristóteles em contraposição ao primeiro. Para sua satisfatória e plena compreensão, no seu triplo aspecto físico/temporal/ontológico, a leitura e o estudo da *Física* e da *Metafísica* [Obra publicada em *Clássicos Edipro*. (N.E.)] são decididamente recomendáveis. A laranjeira é o *ato* cuja *potência* é a semente de laranja, estando a laranjeira já em potência na semente.

66. ...οὐδὲν ἄρα ἔσται λοιπόν, καὶ εἰς ἀσώματον ἐφθαρμένον τὸ σῶμα, καὶ γένοιτο δ' ἂν πάλιν ἤτοι ἐκ στιγμῶν ἢ ὅλως ἐξ οὐδενός. ... (*oydèn ára éstai loipón, kaì eis asómaton ephtharménon tò sôma, kaì génoito d' àn pálin étoi ek stigmôn è hólos ex oydenós.*).

67. ...ἀόρατα, ... (*aórata,*).

68. ...ἐχομένη, ... (*ekhoméne*).

5 divisibilidade, que nela está contido um ponto em qualquer e todo lugar dela, do que decorre que a grandeza é necessariamente dividida até nada mais restar. Com efeito, existe um ponto nela encerrado em toda parte, de modo a ser composta de contatos ou de pontos. Mas só existe essa divisibilidade por completo num sentido, que é aquele no qual há um ponto em qualquer lugar da grandeza, e todos os seus pontos estão nela, se considerados isoladamente, em todo lugar; mas encerrado em qualquer lugar no seu interior não existe senão um ponto (posto que os pontos não são sucessivos). A conclusão é não ser a grandeza divisível por completo. Com efei-
10 to, se for divisível no seu centro também o será num ponto contíguo. Todavia, não é, *pois um instante não é contíguo a um instante, ou um ponto a um ponto.*[69] Isso é divisão e composição.

Tanto associação quanto dissociação, por conseguinte, existem, porém nem a partir de indivisíveis e em indivisíveis [respectivamente][70] (pois, nesse caso, muitas seriam as impossibilidades), nem de modo
15 a produzir a ocorrência da divisão por completo (na suposição do ponto ser contíguo ao ponto); a dissociação, entretanto, existe em partes pequenas ou menores, ao passo que a associação, a partir de partes menores. Mas contrariamente ao que alguns dizem, não é a associação e a dissociação que definem a geração (vir a ser) simples e completa, ao passo que afirmam ser a alteração a mudança
20 naquilo que é contínuo. É aí, contudo, que reside todo o erro. Com efeito, geração (vir a ser) e corrupção (cessar de ser) simples não são produzidas [respectivamente] por associação e dissociação, mas quando algo como um todo muda *para outra coisa*[71]. O problema é que, a despeito de existir uma diferença, há alguns que sustentam que toda mudança desse tipo é alteração. *Com efeito, no substrato*[72]

---

69. ...οὐ γάρ ἐστιν ἐχόμενον σημεῖον σημείου ἢ στιγμὴ στιγμῆς. ... (*oy gár estin ekhómenon semeîon semeíoy è stigmè stigmês.*).

70. ...Ὥστ' ἔστι καὶ διάκρισις καὶ σύγκρισις, ἀλλ' οὔτ' εἰς ἄτομα καὶ ἐξ ἀτόμων... (*Hóst' ésti kaì diákrisis kaì sýgkrisis, all' oýt' eis átoma kaì ex atómon*). Entendam-se *indivisíveis* (não cortáveis) como as grandezas insuscetíveis de divisão.

71. ...ἐκ τοῦδε εἰς τόδε... (*ek toŷde eis tóde*), literalmente, *a partir disso para aquilo.*

72. ...ἐν γὰρ τῷ ὑποκειμένῳ... (*en gàr tôi hypokeiménoi*), ou seja, naquilo que serve de fundamento, de base.

da mudança há algo correspondente à definição e a algo material.
25 Assim, quando é nestes que ocorre a mudança, haverá geração (vir a ser) e corrupção (cessar de ser), mas quando a mudança ocorre nas propriedades passivas, a saber, esta última é acidental, trata-se de alteração. Dissociação e associação tornam as coisas suscetíveis de corrupção (cessar de ser). Realmente, supondo que *gotas d'água*[73] sejam, mediante divisão (dissociação), reduzidas a gotas ainda menores, a geração de ar ocorrerá mais celeremente; pelo contrário, se
30 associadas, a geração de ar ocorrerá mais lentamente. Na sequência maior clareza será transmitida a isso. Presentemente, tenhamos o seguinte como definido: é impossível que a geração (vir a ser) seja o tipo de associação que alguns sustentam ser.

3

FEITAS TAIS DISTINÇÕES, comecemos por investigar se existe algo que vem a ser e cessa de ser *pura e simplesmente*[74], ou se nada vem a ser *no sentido estrito*[75], mas *sempre algo a partir de algo*[76], digo, por
35 exemplo, tornar-se sadio a partir de estar enfermo e tornar-se enfer-
317b1 mo a partir de estar sadio, ou pequeno a partir de grande e grande a partir de pequeno, e assim por diante, em todos os demais exemplos. Se, com efeito, houver geração (vir a ser) pura e simples, algo tem de vir a ser *a partir do não-ser*[77] pura e simplesmente, resultando que seria verdadeiro dizer de algumas coisas que *o não-ser*[78] é seu atributo. Efetivamente, o vir a ser (geração) de um certo tipo é produto de um certo tipo de não-ser, por exemplo a partir do
5 não-branco ou do não-belo, embora o vir a ser puro e simples seja produto do não-ser puro e simples.

---

73. ...ὑδάτια... (*hydátia*).
74. ...ἁπλῶς... (*haplôs*), em termos absolutos, *não qualificadamente*.
75. ...κυρίως... (*kyríos*).
76. ...ἀεὶ δ' ἔκ τινος καὶ τί, ... (*aeì d' ék tinos kaì tí,*).
77. ...ἐκ μὴ ὄντος, ... (*ek mè óntos,*).
78. ...τὸ μὴ ὄν. ... (*tò mè ón.*).

O significado de *pura e simplesmente*[79] é ou o que é, em cada categoria, primário ou o que é universal e totalmente abrangente. A significar, portanto, o que é primário, então a geração (vir a ser) de uma *substância*[80] existirá a partir de uma *não-substância*[81]. O que, entretanto, não tem como fundamento uma substância ou um *isso*[82] claramente está impossibilitado de ter atributos com relação às outras categorias, como a qualidade, a quantidade ou o lugar, pois neste caso as propriedades passivas existiriam independentemente das substâncias.[83] Por outro lado, se o significado do não-ser puro e simples é daquilo que absolutamente não é, teremos com isso uma negação universal de todos os seres, *daí decorrendo que aquilo que vem a ser virá a ser necessariamente a partir do nada.*[84]

Abordamos extensivamente esse mesmo problema e traçamos definições a respeito em outro tratado[85], o que, porém, não nos dispensa agora de uma sumária nova exposição. Num certo sentido é a partir daquilo que não é (não existe) pura e simplesmente que as coisas vêm a ser; há, entretanto, um outro sentido no qual é a partir daquilo que é (existe) que elas invariavelmente vêm a ser; *com efeito, é imperioso que aquilo que é em potência preexista, mas que não é em ato, algo expresso por ambos os sentidos.*[86] Uma vez estabelecidas essas distinções, impõe-se reexaminar algo que encerra extraordinária dificuldade: como existir um vir a ser (geração) puro e simples se consideramos que sua origem é aquilo que é em potência ou de alguma outra forma distinta. De fato, estaríamos

---

79. Ver nota 74.
80. ...οὐσίας... (*oysías*).
81. ...μὴ οὐσίας. ... (*mè oysías.*).
82. ...τόδε, ... (*tóde*).
83. A respeito das categorias, ver *Categorias*, primeiro tratado do *Órganon*. [Obra publicada em *Clássicos Edipro*. (N.E.)]
84. ...ὥστε ἐκ μηδενὸς ἀνάγκη γίνεσθαι τὸ γινόμενον. ... (*hóste ek medenòs anágke gínesthai tò ginómenon.*).
85. *Física*.
86. ...τὸ γὰρ δυνάμει ὂν ἐντελεχείᾳ δὲ μὴ ὂν ἀνάγκη προϋπάρχειν λεγόμενον ἀμφοτέρως. ... (*tò gàr dynámei òn entelekheíai dè mè òn anágke proypárkhein legómenon amphotéros.*).

facultados a levantar a questão de se existe, afinal, um vir a ser da substância ou do *isso*⁸⁷, mas não da qualidade, da quantidade e do lugar (o mesmo valendo no que diz respeito ao cessar de ser). De fato, se algo vem a ser, fica evidente que existirá substância não em ato, mas em potência, e que dessa substância se originará o vir a ser, e que nela forçosamente ocorrerá a mudança do que cessou de ser. Será qualquer outro atributo, portanto, inerente em ato a ela? Quero dizer, por exemplo: será algo que é um *isso* apenas em potência e que é (existe) apenas em potência, não sendo um *isso* e não existindo pura e simplesmente, dotado de quantidade, qualidade ou lugar? Com efeito, se nenhum destes estiver nele presente [em ato], estando todos somente em potência, disso decorre que o ser que não é determinado é capaz de uma existência dissociada, ao que se tem de acrescentar – algo que causou, sobretudo, grave e contínua apreensão entre *os primeiros que filosofaram*⁸⁸ – que o vir a ser (geração) origina-se de um nada preexistente; se, todavia, ainda que não seja um *isso* ou uma substância, venha a apresentar alguma das outras categorias supracitadas, a conclusão é que, como dissemos, as propriedades passivas serão dissociáveis das substâncias. É, portanto, nossa tarefa aqui tratarmos dessas coisas tanto quanto possamos, bem como tratarmos das causas do vir a ser perpétuo, quer o puro e simples, quer *o parcial*⁸⁹.

*Causa*⁹⁰ é aquilo, como dizemos, que surge uma vez principiado o movimento, ou causa é *a matéria*⁹¹, que é o sentido de que devemos nos ocupar nesta oportunidade; com efeito, de causa no primeiro sentido que indicamos tratamos *nos discursos sobre movimento*⁹², ocasião em que afirmamos a existência de algo imóvel por todo o tempo e a de algo sempre em movimento. A abordagem do

---

87. ...τοῦδε, ... (*toŷde,*).
88. ...οἱ πρῶτοι φιλοσοφήσαντες, ... (*hoi prôtoi philosophésantes,*).
89. ...τὴν κατὰ μέρος. ... (*tèn katà méros*).
90. ...αἰτίας... (*aitías*).
91. ...τῆς ὕλης, ... (*tês hýles,*).
92. ...ἐν τοῖς περὶ κινήσεως λόγοις, ... (*en toîs perì kinéseos lógois,*), ou seja, as discussões que se encontram na *Física*.

primeiro desses itens, qual seja, *o princípio imóvel*,[93] é trabalho de outra filosofia, a qual tem anterioridade;[94] quanto ao que, devido ao seu movimento contínuo, move tudo o mais, nos deteremos mais tarde[95], buscando explicar qual entre as causas *particulares*[96] possui esse caráter. Agora, é a causa cuja espécie diz respeito à matéria que merecerá nossa atenção, aquela causa que determina a infalibilidade da corrupção (cessar de ser) e da geração (vir a ser) perpétuas na natureza. De fato, talvez, uma vez isso explicado, ganhe clareza ao mesmo tempo o nosso discurso em torno do problema que se colocou há pouco diante de nós, ou seja, o cessar de ser e o vir a ser puro e simples.

A questão sobre a causa da continuidade do vir a ser já traz em si dificuldade suficiente se admitirmos o fato de que aquilo que cessa de ser *desvanece no que não é, ao passo que aquilo que não é nada é*[97]; afinal, o que não é não é coisa alguma, além de destituído de qualidade, quantidade e lugar. Portanto, a supor que algumas *das coisas que são*[98] mantêm-se em perpétuo desvanecimento, como explicar o não esgotamento e o não desaparecimento do *universo*[99] há muito tempo atrás, se entendermos que a fonte de cada coisa que veio a ser tinha um limite? Supõe-se, com efeito, que não é a infinitude da origem do vir a ser (geração) que determina não deixar ele jamais de ocorrer, pois isso é impossível, uma vez que nada é

---

93. ...τῆς ἀκινήτου ἀρχῆς... (*tês akinétoy arkhês*), quer dizer, o *primeiro motor* (πρῶτον κινοῦν [*próton kinoýn*]).

94. Aristóteles alude ao que chama de πρώτη φιλοσοφία (*próte philosophía*), filosofia primeira, o que passamos a chamar de *metafísica*, a qual é distinta, como ciência especulativa, precisamente da *física* (filosofia segunda). Nota-se que, a despeito da distinção entre física e metafísica e de suas diferentes atribuições, elas estão estreita e necessariamente vinculadas. Impossível compreender o pensamento aristotélico sem empreender o estudo conjunto dos dois tratados homônimos, começando pela *Física* e prosseguindo com a *Metafísica*.

95. No Livro II, capítulo 10.

96. ...ἕκαστα... (*hékasta*).

97. ...εἰς τὸ μὴ ὂν ἀπέρχεται, τὸ δὲ μὴ ὂν μηδέν ἐστιν... (*eis tò mè òn apérkhetai, tò dè mè òn medén estin*).

98. ...τῶν ὄντων... (*tôn óntōn*), dos seres.

99. ...πᾶν, ... (*pân*).

infinito em ato, mas tão só em potência em vista da divisão; isso nos autorizaria a concluir que existe uma forma única de vir a ser, que é o vir a ser contínuo, que nunca deixa de ocorrer, de modo que aquilo que vem a ser é sucessivamente cada vez menor. Ora, não é isso o que observamos de fato.

É então porque as coisas produzem entre si corrupção (cessar de ser) e geração (vir a ser), ou seja, a corrupção de uma é a geração de outra, e a geração desta coisa é a corrupção daquela outra, que a mudança é necessariamente *incessante*[100]? Essas considerações devem suprir uma causa adequada no que diz respeito ao vir a ser e ao cessar de ser na sua ocorrência envolvendo cada um dos seres igualmente existentes. Devemos, entretanto, voltar a examinar a razão de se dizer de algumas coisas que estas vêm a ser e cessam de ser pura e simplesmente, enquanto outras o fazem não pura e simplesmente, mas de maneira qualificada, a admitirmos que idêntico processo é vir a ser *disto*, ao passo que é cessar de ser *daquilo*, e o cessar de ser *disto*, mas o vir a ser daquilo; de fato, isso reclama uma certa explicação. Dizemos, com efeito: *está agora cessando de ser pura e simplesmente*, e não apenas *isso está cessando de ser*; e chamamos *isso* de uma geração (vir a ser), enquanto *aquilo*, de uma corrupção (cessar de ser) pura e simplesmente. *Isso* vem a ser algo, mas não vem a ser pura e simplesmente; de fato, dizemos que o estudante vem a ser *instruído*, não que vem a ser pura e simplesmente.

Conclui-se que costumamos fazer uma distinção dizendo que certas coisas denotam *isso*, enquanto outras não o denotam, que é o que explica o surgimento do objeto de que nos ocupamos em investigar aqui, pois constitui uma diferença considerável no que aquilo que está mudando muda. E exemplificamos: talvez a passagem para o fogo seja geração (vir a ser) pura e simples, mas corrupção (cessar de ser) de algo, digamos de terra, ao passo que a geração (vir a ser) da terra seja uma determinada geração (vir a ser), ou seja, geração qualificada e não pura e simples, porém corrupção (cessar de ser) pura e simples, digamos de fogo, como sustenta Parmênides[101] ao

---

100. ...ἄπαυστον... (*ápayston*).
101. Parmênides de Eleia (século V a.C.), poeta e filósofo pré-socrático.

dizer que são duas as coisas nas quais ocorre mudança, e que estas, *o ser e o não-ser*,[102] são fogo e terra. É indiferente postular esses dois elementos ou outras coisas semelhantes, porquanto o que investigamos não é o substrato dessas mudanças, mas sim como ocorrem. Portanto, é corrupção (cessar de ser) pura e simples a passagem para aquilo que *não é* pura e simplesmente, ao passo que é geração (vir a ser) pura e simples a passagem para aquilo que é pura e simplesmente. Conclusão: seja o que for que sirva de instrumento para distinguir entre as coisas que mudam, seja fogo e terra, ou algum outro par, um deles será o ser, o outro o não-ser. É essa, portanto, uma maneira em que geração (vir a ser) e corrupção (cessar de ser) puras e simples (não qualificadas) se diferenciarão daquelas qualificadas. Outra é com base no material daquilo que muda; *com efeito, quanto mais as diferenças [de material] significam algum isso, mais é ele uma substância, ao passo que quanto mais significam uma privação, mais é ele um não-ser,*[103] como no caso do *quente*[104], que é uma categoria positiva e uma forma, enquanto o *frio*[105] é uma privação; são essas diferenças que determinam a distinção da terra e do fogo entre si.

Entretanto, segundo pensam muitos, a distinção é mais em função *do perceptível e imperceptível*[106], pois dizem que é quando a mudança é para o material perceptível que ocorre a geração (vir a ser), mas que é quando ela é para o material *imperceptível*[107] que ocorre a corrupção (cessar de ser); de fato, para distinguir o ser e o não-ser, o critério deles é sua própria percepção ou não-percepção, *tal como o cognoscível é e o incognoscível não é*;[108] com efeito, [segun-

---

102. ...τὸ ὂν καὶ τὸ μὴ ὂν... (*tò òn kaì tò mè òn*).
103. ...ἧς μὲν γὰρ μᾶλλον αἱ διαφοραὶ τόδε τι σημαίνουσι, μᾶλλον οὐσία, ἧς δὲ στέρησιν, μὴ ὄν, ... (*hês mèn gàr mâllon hai diaphoraì tóde ti semaínoysi, mâllon oysía, hês dè stéresin, mè ón,*).
104. ...θερμὸν... (*thermòn*).
105. ...ψυχρότης... (*psykhrótes*).
106. ...τῷ αἰσθητῷ καὶ μὴ αἰσθητῷ... (*tôi aisthetôi kaì mè aisthetôi*).
107. ...ἀφανῆ, ... (*aphanê*), que não aparece, invisível.
108. ...ὥσπερ τὸ μὲν ἐπιστητὸν ὄν, τὸ δ' ἄγνωστον μὴ ὄν... (*hósper tò mèn epistetòn ón, tò d' ágnoston mè ón*).

do eles] a percepção tem força de conhecimento[109]. Portanto, como eles próprios julgam que vivem e existem pelo fato de perceberem ou possuírem o poder para tanto, julgam também que *as coisas*[110] existem pelo fato de terem delas percepção, no que estão, de certo modo, a caminho da verdade, embora o que digam não seja verdadeiro. O resultado é não haver correspondência, no que respeita à opinião comum de como ocorrem vir a ser e cessar de ser puros e simples, entre essa opinião e a verdade; *com efeito, vento e ar são menos reais segundo a percepção*[111] (razão pela qual se diz com relação às coisas que cessam de ser que elas cessam de ser pura e simplesmente por sua mudança em vento e ar, e que vêm a ser quando sua mudança é em algo tangível e em terra); entretanto, *segundo a verdade*[112] são mais *um isso e uma forma*[113] do que terra.

Eis aí, portanto, a explicação do porque da existência do vir a ser (geração) puro e simples, que é cessar de ser (corrupção) de alguma coisa, e do cessar de ser (corrupção) puro e simples, que é o vir a ser (geração) de alguma coisa (com efeito, isso depende da diferença do material, de ser ele substância ou não, de apresentar maior ou menor teor desta, ser mais ou menos suscetível de percepção, e de o material constituir origem e destinação para a ocorrência da mudança); resta a questão do porque se diz em relação a algumas coisas que vêm a ser pura e simplesmente, enquanto algumas outras vêm a ser apenas algo singular, e não um vir a ser produzido por reciprocidade entre as coisas, tal como acabamos de descrever (de fato, até agora tudo o que determinamos foi o porque, a despeito de todo *vir a ser* [geração] ser *cessar de ser* [corrupção] de alguma outra coisa, e todo *cessar de ser* [corrupção] ser *vir a ser* [geração] de alguma outra, deixamos de atribuir o vir a ser e o cessar de ser

---

109. ...ἡ γὰρ αἴσθησις ἐπιστήμης ἔχει δύναμιν. ... (*he gàr aísthesis epistémes ékhei dýnamin.*).
110. ...τὰ πράγματα, ... (*tà prágmata*).
111. ...πνεῦμα γὰρ καὶ ἀὴρ κατὰ μὲν τὴν αἴσθησιν ἧττόν ἐστιν... (*pneŷma gàr kaì aèr katà mèn tèn aísthesin hêtton estin*).
112. ...κατὰ δ' ἀλήθειαν... (*katà d' alétheian*). Aristóteles contrapõe a percepção à verdade.
113. ...τόδε τι καὶ εἶδος... (*tóde ti kaì eîdos*).

igualmente a coisas que mudam entre si; essa dificuldade, contudo, não é enfrentada pela questão que foi posteriormente levantada, que é a do porque se diz em relação ao que aprende que vem a ser instruído e não vem a ser pura e simplesmente, quando, no entanto, se diz daquilo que cresce que vem a ser). Essa questão e sua resposta tocam à diferença entre as categorias, *pois algumas coisas significam um **isso**, outras um **tal**, outras um **quanto***[114]; decorre daí não se dizer das coisas não denotativas de substância que elas vêm a ser pura e simplesmente, mas que vêm a ser certa coisa. Diz-se, porém, com referência ao vir a ser, que ocorre em todas as coisas igualmente toda vez que esse vir a ser for de algo em uma das colunas diferentes; por exemplo, na substância se for fogo, mas não se for terra; na qualidade, se for instruído, mas não se for ignorante.

Mencionamos, assim, como algumas coisas vêm a ser pura e simplesmente, enquanto outras não, *tanto em geral quanto nas substâncias elas mesmas*,[115] bem como que o substrato é a causa material que explica a continuidade do vir a ser, ou seja, que é *passível de mudança nos contrários*,[116] e que o vir a ser (geração) desta coisa é sempre o cessar de ser (corrupção) daquela outra, e que o cessar de ser (corrupção) de uma é o vir a ser (geração) de outra, isso no que se refere às substâncias. Não aponta isso, porém, para a necessidade sequer de questionar a razão da perpetuidade do vir a ser ante a destruição das coisas. Com efeito, tal como se fala de *corrupção (cessar de ser)* pura e simplesmente, *quando algo passou ao imperceptível e ao não-ser, igualmente se fala de geração (vir a ser) a partir do não-ser, quando algo surge a partir do imperceptível*[117]. Por conseguinte, se é o substrato alguma coisa ou não, é do não-ser que parte o vir a ser, do que se conclui que é igualmente que vem a ser a par-

---

114. ...τὰ μὲν γὰρ τόδε τι σημαίνει, τὰ δὲ τοιόνδε, τὰ δὲ ποσόν... (*tà mèn gàr tóde ti semaínei, tà dè toiónde, tà dè posón*). Aristóteles refere-se respectivamente às categorias da substância, da qualidade e da quantidade.

115. ...καὶ ὅλως καὶ ἐν ταῖς οὐσίαις αὐταῖς, ... (*kaì hólos kaì en taîs oysíais aytaîs*).

116. ...μεταβλητικόν εἰς τἀναντία, ... (*metabletikón eis t'anantía,*).

117. ...ὅταν εἰς ἀναίσθητον ἔλθῃ καὶ τὸ μὴ ὄν, ὁμοίως καὶ γίνεσθαι ἐκ μὴ ὄντος φασίν, ὅταν ἐξ ἀναισθήτου. ... (*hótan eis anaistheton élthei kaì tò mè ón, homoíos kaì gínesthai ek mè óntos phasín, hótan ex anaisthétoy*).

tir do não-ser e cessa de ser no não-ser. Daí o razoável da continuidade do vir a ser, pois é ele o cessar de ser do não-ser, enquanto o cessar de ser (corrupção) é o vir a ser do não-ser.

30   Mas quanto ao que é pura e simplesmente não-ser, se não encontrarmos uma qualificação para ele, estaremos possivelmente diante de um impasse. Indaga-se se é um de dois contrários; por exemplo, é não-ser a terra e o dotado de peso, ao passo que é ser o fogo e o dotado de leveza? Mas talvez não se trate disso, sendo a terra também *ser*, enquanto o não-ser seria a matéria, isto é, a matéria igualmente da terra e do fogo. E é diferente a matéria relativa
319b1 a cada um, ou não é, pois se fosse diferente eles não se gerariam entre si, ou seja, contrários a partir de contrários? *Com efeito, nessas coisas existem contrários, a saber, no fogo, na terra, na água e no ar.*[118] Ou é ela a mesma num sentido, mas distinta no outro? De fato, o substrato num dado momento é o mesmo, mas o seu ser não. Com
5 isso, cobrimos o bastante sobre esses assuntos.

4

Acerca da geração (vir a ser) e da alteração discutamos o que as diferencia, uma vez que asseveramos serem elas entre si formas diferentes de mudança. A considerarmos, portanto, como distintos o substrato e a propriedade passiva cuja natureza a torna
10 predicável do substrato e, a considerarmos que a mudança acontece em cada um dos dois, é quando há persistência do substrato, sendo ele perceptível, mas mudança em suas próprias propriedades passivas que se produz *a alteração*; essas propriedades são, a propósito, contrárias ou intermediárias, do que é exemplo o corpo, que sendo agora sadio, pode em outra ocasião ser enfermo, isso sem deixar de persistir sendo o mesmo corpo; e o bronze, que agora esférico, pode, em outra ocasião, ser angular, continuando
15 a ser o mesmo bronze. Estaremos, diferentemente, diante de um vir a ser (geração) quando da ocorrência da mudança de alguma

---

118. ...τούτοις γὰρ ὑπάρχει τἀναντία, πυρί, γῇ, ὕδατι, ἀέρι. ... (*toýtois gàr hypárkhei t'anantía, pyrí, gêi, hýdati, aéri.*). Joachim inicia o capítulo 4 em 319b3.

coisa como um todo, nada perceptível persistindo na qualidade de um mesmo substrato, como no caso da semente que, como um todo, é transformada em sangue, ou a água em ar, ou este como um todo em água, e diante de um cessar de ser (corrupção) envolvendo outra coisa, sobretudo se a mudança acontece a partir de algo sensorialmente imperceptível rumo a algo sensorialmente perceptível, ou rumo ao tato ou rumo a todos os sentidos.
20 Exemplificamos com a água quando é gerada a partir do ar ou nele perece, *visto ser o ar suficientemente imperceptível*[119]. Nessa conjuntura, *na hipótese* de qualquer propriedade passiva de um par de contrários conservar-se a mesma em alguma coisa que veio a ser como era em alguma coisa que cessou de ser (como quando a água é gerada a partir do ar, se ambos são transparentes ou frios), *entende-se* não ser necessário que aquilo em que essa propriedade passiva se transforma seja uma outra propriedade da coisa. Se assim não for, a mudança será alteração, e não vir a ser. *Por exemplo,*
25 *a pessoa instruída cessou de ser, uma pessoa não instruída veio a ser, e a pessoa persiste a mesma.*[120] Portanto, se *a instrução e a não instrução*[121] não fossem em si mesmas uma propriedade passiva, existiria uma geração (vir a ser) da primeira e uma corrupção (cessar de ser) da segunda; conclui-se serem estas propriedades passivas da pessoa, ao passo que o vir a ser (geração) e o cessar de ser (corrupção) são da pessoa instruída e da pessoa não instruída [res-
30 pectivamente]; trata-se, na verdade, de uma propriedade passiva daquilo que persiste. Daí decorre serem essas mudanças alteração.

---

119. ...ὁ γὰρ ἀὴρ ἐπιεικῶς ἀναίσθητον. ... (*ho gàr aèr epieikôs anaístheton*).

120. ...οἷον ὁ μουσικὸς ἄνθρωπος ἐφθάρη, ἄνθρωπος δ' ἄμουσος ἐγένετο, ὁ δ' ἄνθρωπος ὑπομένει τὸ αὐτό. ... (*hoîon ho moysikòs ánthropos ephtháre, ánthropos d' ámoysos egéneto, ho d' ánthropos hypoménei tò aytó.*). Preferimos o sentido genérico dos adjetivos masculinos (nominativo singular) μουσικός e ἄμουσος, mas o sentido restrito de pessoa *musical* e pessoa *não musical* (respectivamente, pessoa cultivadora da música e pessoa não cultivadora da música) é evidentemente também admissível neste contexto.

121. ...ἡ μουσικὴ καὶ ἡ ἀμουσία, ... (*he moysikè kaì he amoysía,*), *a música e a não música,* ou melhor, *a musicalidade e a não musicalidade* (respectivamente o cultivo da música e o não cultivo da música). São os dois substantivos femininos (nominativo singular) correspondentes aos adjetivos indicados na nota anterior.

A conclusão é que, quando a mudança entre contrários é segundo a quantidade, trata-se de *crescimento e diminuição*[122]; quando *segundo o espaço*[123], de *movimento*[124], quando *segundo a propriedade passiva ou a qualidade*[125], de alteração; quando, entretanto, 320a1 nada persiste daquilo que resulta numa propriedade passiva ou num acidente em geral, trata-se de um vir a ser (geração) e, no que respeita à mudança oposta, de um cessar de ser (corrupção). A considerar seu sentido mais importante e estrito, matéria é o substrato *que serve de recipiente*[126] ao vir a ser e ao cessar de ser; contudo, também é de algum modo matéria o substrato das outras mudanças, 5 visto que todos os substratos servem de recipiente a alguns tipos de contrariedade. *No tocante, portanto, à geração (vir a ser)*,[127] é o que tínhamos a dizer quanto a se existe ou não e como existe; é também o que tínhamos a dizer sobre o que é alteração.

5

DIANTE DISSO, RESTA EMPREENDER uma discussão sobre o crescimento, apurando no que se distingue do vir a ser e da alteração 10 e como se produz em cada coisa, bem como, no que toca à diminuição, como esta se produz em cada coisa que diminui. Principiemos por examinar se o que os diferencia entre si[128] restringe-se ao domínio respectivo de cada um, exemplificando: sua diferenciação acontece porque a mudança disso para aquilo, como substância em ato a partir de substância em potência, é vir a ser (geração),

---

122. ...αὔξη καὶ φθίσις, ... (*aýxe kaì phthísis*).

123. ...κατὰ τόπον, ... (*katà tópon,*).

124. ...φορά, ... (*phorá,*), mas o sentido é bem mais restrito do que o de κίνησις (*kínesis*), quer dizer, φορά é mais exatamente *locomoção, deslocamento*.

125. ...κατὰ πάθος καὶ τὸ ποιόν, ... (*katà páthos kaì tò poión*). Joachim inicia o capítulo 5 em 320a4.

126. ...δεκτικόν, ... (*dektikón,*), suscetível de receber.

127. ...περὶ μὲν οὖν γενέσεως, ... (*perì mèn oŷn genéseos*). Bekker acrescenta ...καὶ φθορᾶς... (*kaì phthorâs*): e à corrupção (cessar de ser). Embora traduzamos a partir de seu texto, não vimos porque acrescentá-lo aqui.

128. Ou seja, enquanto tipos de *mudança* (μεταβολή [*metabolé*]).

enquanto aquela que envolve grandeza é crescimento, e aquela que envolve propriedade passiva é alteração, sendo que ambas as últi-
15 mas envolvem mudança do ser em potência para o ser em ato. Ou essa diferenciação tem a ver também com o processo de mudança, isso diante de ser evidente que, do prisma do espaço, enquanto nem o que está em alteração nem o que está vindo a ser necessariamente muda, aquilo que está crescendo ou diminuindo efetivamente muda sob esse prisma, mas conforme um processo distinto daquele
20 em que ocorre a mudança do que se move. *Com efeito, aquilo que se move muda de lugar como um todo*,[129] ao passo que aquilo que cresce o faz como um corpo que se distende; de fato, suas partes são mudadas localmente ainda que ele conserve seu lugar; mas não é assim que as partes de uma esfera são submetidas à mudança espacial, uma vez que elas mudam de lugar enquanto o seu todo continua num espaço igual; diferentemente, a mudança das partes do que está crescendo ocorre de maneira a fazer que essas partes passem a ocupar um espaço cada vez maior; por outro lado, as partes
25 do que está diminuindo sofrem uma contração que as reduz a um espaço cada vez menor.

Que as mudanças, portanto, daquilo que vem a ser, bem como daquilo que se altera e daquilo que cresce não se limitam a diferir quanto ao domínio respectivo de cada um, mas também diferem quanto ao processo, fica aqui patenteado. Mas, afinal, qual é o domínio da mudança constituída por crescimento e diminuição (que parece ocorrer no domínio da grandeza)? Será o caso de supormos que
30 grandeza e corpo são gerados a partir daquilo que é corpo e grandeza em potência, mas em ato *destituído de corpo e de grandeza*[130]? E visto ser possível dizer isso em duplo sentido, em qual sentido ocorre o crescimento? Ocorrerá a partir da matéria cuja existência é separadamente autônoma ou daquela *existente em outro corpo*[131]? Ou é impos-
320b1 sível que ocorra em ambas estas condições? Com efeito, admitindo

---

129. ...τὸ μὲν γὰρ φερόμενον ὅλον ἀλλάττει τόπον, ... (*tò mèn gàr pherómenon hólon alláttei tópon,*).

130. ...ἀσωμάτου καὶ ἀμεγέθους... (*asomátoy kaì amegéthoys*).

131. ...ἐνυπαρχούσης ἐν ἄλλῳ σώματι; ... (*enyparkhoýses en álloi sómati;*).

que seja separada, não ocupará, como um ponto, espaço algum, ou será vazia, ou seja, um corpo sensorialmente imperceptível. A primeira dessas condições é impossível e a segunda impõe que a matéria esteja em alguma coisa; com efeito, o que dela é gerado, na primeira condição, estará sempre em algum lugar, devendo também ela, isto é, a matéria, existir em algum lugar, *ou por si mesma ou por acidente*[132]. Se entendermos que ela existe em alguma outra coisa (segunda condição), mas que está suficientemente separada a ponto de não ser inerente a essa coisa (por si mesma ou por acidente), esbarraremos em muitas impossibilidades. Quero dizer, por exemplo: se o ar vier a ser a partir da água, isso não será em função de alguma mudança da água, mas determinado pela matéria do ar presente na água, como se num recipiente. *Nada impede, com efeito, que nela existam infinitas matérias, a possibilitar virem a ser em ato.*[133] E tampouco o ar se mostra vindo a ser desse modo a partir da água, ou seja, dela surgindo ainda que a água permaneça como tal.

Diante disso, melhor supormos a matéria inseparável em tudo, como sendo idêntica e numericamente una, porém não una na definição. As mesmas razões nos levam igualmente a não considerar *a matéria do corpo*[134] nem pontos nem linhas; a matéria é aquilo cujos *extremos*[135] são pontos e linhas, não podendo jamais existir sem propriedades passivas ou sem forma. Como foi definido em outra parte, uma coisa vem a ser pura e simplesmente a partir de uma outra, e por meio de alguma coisa que é, em ato, pertencente à mesma espécie ou pertencente ao mesmo gênero, *como o fogo através do fogo, ou o ser humano através do ser humano, ou através de um ato;*[136] com efeito, o duro não vem a ser através do duro.[137]

---

132. ...ἢ καθ' αὑτὸ ἢ κατὰ συμβεβηκός. ... (*è kath' haytò è katà symbebekós.*).
133. ...ἀπείρους γὰρ οὐδὲν κωλύει ὕλας εἶναι, ὥστε καὶ γίνεσθαι ἐντελεχείᾳ. ... (*apeíroys gàr oydèn kolýei hýlas eînai, hóste kaì gínesthai entelekheíai.*).
134. ...τὴν τοῦ σώματος ὕλην... (*tèn toỹ sómatos hýlen*).
135. ...ἔσχατα, ... (*éskhata*), ou seja, *limites*.
136. ...οἷον πῦρ ὑπὸ πυρὸς ἢ ἄνθρωπος ὑπ' ἀνθρώπου, ἢ ὑπ' ἐντελεχείας... (*hoîon pŷr hypò pyrós è ánthropos hyp' anthrópoy, è hyp' entelekheías*).
137. ...σκληρὸν γὰρ οὐχ ὑπὸ σκληροῦ γίνεται. ... (*skleròn gàr oykh hypò skleroỹ gínetai.*), ou, menos literalmente: ...com efeito, a coisa dura não é gerada pela coisa dura.... .

Todavia, considerando que também existe matéria que gera (faz vir a ser) substância corpórea, esta já inerente a um corpo em particular (pois não existe corpo universal), estamos autorizados a concluir que essa mesma matéria é também a da grandeza e da propriedade passiva, *dissociável na definição, mas não dissociável no espaço, a menos que as propriedades passivas, elas também, sejam dissociáveis*[138].

Essa discussão das dificuldades evidencia que o crescimento não é mudança a partir de algo que é uma grandeza em potência, mas não possui nenhuma grandeza em ato; nesse caso, com efeito, *o vazio*[139] seria dissociável (separável), o que é impossível, conforme afirmamos anteriormente em outro lugar.[140] Acresce-se que a mudança supracitada não é característica do crescimento, mas da geração (vir a ser); de fato, o crescimento é um *aumento*[141] da grandeza preexistente, tal como a diminuição é dela uma *redução*[142] (do que decorre a necessidade daquilo que cresce possuir antecipadamente uma certa grandeza), a se concluir que o crescimento não deve ser de uma matéria destituída de grandeza para uma *grandeza em ato*[143]; isso, com efeito, seria geração (vir a ser) de um corpo, e não crescimento. É nossa tarefa, por conseguinte, obter uma maior compreensão e, por assim dizer, nos engalfinharmos com a investigação a partir do começo, de modo a apurar a natureza do crescimento e da diminuição, dos quais buscamos aqui as causas.

Parece, no que se refere àquilo que cresce, que toda parte sua aumentou, e igualmente, no que se refere àquilo que diminui, que toda parte sua tornou-se menor, e, além disso, que é a adição de algo que produz o crescimento, enquanto é a remoção de algo que produz a diminuição. Resulta necessariamente que o crescimento

---

138. ...τῷ μὲν λόγῳ χωριστή, τόπῳ δ' οὐ χωριστή, εἰ μὴ καὶ τὰ πάθη χωριστά. ... (*tôi mèn lógoi khoristé, tópoi d' oy khoristé, ei mè kaì tà páthe khoristá.*).

139. ...τὸ κενόν, ... (*tò kenón,*).

140. Na *Física*.

141. ...ἐπίδοσις, ... (*epídosis,*).

142. ...μείωσις... (*meíosis*).

143. ...ἐντελέχειαν μεγέθους... (*entelékheian megéthoys*), literalmente: ...ato de grandeza... .

é produzido pela adição de algo incorpóreo ou de um corpo. Se produzido por algo incorpóreo, existirá o vazio separadamente: o problema é que, conforme aquilo que afirmamos anteriormente, a existência independente (separada) da matéria da grandeza é impossível; se produzido[144] mediante a adição de um corpo, em idêntico espaço existirão dois corpos, a saber, aquele que cresce e o produtor do crescimento; também isso é impossível. A nós tampouco é facul-
10 tado dizer do crescimento e da diminuição que são gerados como o é o ar a partir da água. O *volume*,[145] nesse caso, tornou-se maior; não será, com efeito, crescimento, mas geração (vir a ser) daquilo em que a mudança ocorreu, e corrupção (cessação de ser) do seu oposto; não é crescimento nem de um nem de outro – nada aumenta, salvo na hipótese da existência de alguma coisa comum a ambos, ao que é gerado (vem a ser) e ao que foi corrompido (cessou
15 de ser), por exemplo, um corpo. Embora não haja ocorrido crescimento da água nem do ar, houve aniquilamento da água e geração do ar; se é que algo cresceu, foi o corpo. Mas isso constitui mais uma impossibilidade; *com efeito, é necessário que nosso discurso preserve os princípios característicos que regem o que está crescendo e o que está diminuindo.*[146] Esses princípios são três: o de que cada parte da
20 grandeza que cresce torna-se maior, por exemplo, se a carne cresce, cada parte sua cresce; o de que seu crescimento é mediante a adição de alguma coisa; e, em terceiro lugar, o de que seu crescimento se deve à preservação e persistência daquilo que cresce. Com efeito, no que respeita ao vir a ser (geração) ou ao cessar de ser (corrupção) que acontecem pura e simplesmente, não há persistência da coisa; no que respeita à alteração, ao crescimento ou à diminuição, ocorre persistência daquilo que cresce ou se altera, permanecendo ele
25 idêntico; entretanto, no que diz respeito à alteração e ao crescimento, no primeiro caso não há persistência e preservação de identidade da propriedade passiva, enquanto no segundo (crescimento) não há persistência e preservação de identidade da grandeza. Se o

---

144. Ou seja, o crescimento.

145. ...ὄγκος... (*ógkos*).

146. ...δεῖ γὰρ σώζειν τῷ λόγῳ τὰ ὑπάρχοντα τῷ αὐξανομένῳ καὶ φθίνοντι. ... (*deî gàr sózein tôi lógoi tà hypárkhonta tôi ayxanoménoi kaì phthínonti.*).

que indicamos[147] for crescimento, haverá a possibilidade do crescimento de uma coisa sem qualquer adição ou persistência, e da diminuição sem qualquer remoção, bem como da não persistência daquilo que cresce. *Mas é necessário preservar isso.*[148] Foi, com efeito, suposto ser essa característica do crescimento.

30 É o caso também de suscitar a questão do que é que cresce. É aquilo ao que alguma coisa é adicionada? Por exemplo, se a *perna*[149] de um indivíduo cresce, é ela que se torna maior e não o responsável pelo crescimento do indivíduo, isto é, *o alimento*?[150] Por que, então, não cresceram ambos? Afinal, quer o adicionado, quer o receptor da adição tornam-se maiores, tal como quando se mistura vinho com água, visto que ocorre um aumento semelhante de cada ingrediente. É também possível residir a razão no fato de a substância da
35 primeira[151] persistir, enquanto não é o que acontece com a outra,
321b1 isto é, a do alimento; segundo o que se diz, é o vinho que exerce predominância na sua mistura com a água, que aumenta; *com efeito, a mistura completa produz o efeito do vinho, e não o da água*[152]. É, semelhantemente o que acontece na alteração; a carne é alterada se, dela retidas sua natureza *e a essência*,[153] alguma propriedade passiva que antes não lhe pertencia agora lhe é inerente; quanto, contudo,
5 ao que produziu sua alteração, ora não é afetado pela alteração, ora também é. Mas é naquilo que cresce e naquilo que se altera – pois o motor está neles – que reside o produtor da alteração *e a fonte do*

---

147. Alusão ao vir a ser (geração) do ar a partir da água.
148. ...ἀλλὰ δεῖ τοῦτο σώζειν... (*allà deî toŷto sózein*), ou seja, preservar o princípio característico da persistência de tudo aquilo que cresce.
149. ...κνήμην... (*knémen*) ou, mais restritivamente, *canela*. Mas o exemplo é aplicável quer entendamos uma coisa ou outra.
150. ...ἡ τροφή, ... (*he trophé,*).
151. Ou seja, da perna (ou canela).
152. ...ποιεῖ γὰρ τὸ τοῦ οἴνου ἔργον ἀλλ' οὐ τὸ τοῦ ὕδατος τὸ σύνολον μίγμα. ... (*poieî gàr tò toŷ oínoy érgon all' oy tò toŷ hýdatos tò sýnolon mígma.*). Era muito comum na Grécia antiga tomar o vinho misturado com água. Evidentemente a substância predominante, uma vez consumada a mistura, era o vinho, inclusive do ponto de vista do sabor.
153. ...καὶ τὸ τί ἐστι, ... (*kaì tò tí esti*).

movimento[154]; com efeito, pode acontecer de *o ingressante*[155] tornar-se, a se somar ao corpo que dele tira proveito, também maior, por exemplo se, uma vez ingresso, se tornasse *gases*[156]. Todavia, uma vez tenha sido submetido a esse processo, ele cessa de ser, e o motor não está nele.

Tendo nos ocupado suficientemente das dificuldades, faz-se necessário procurar descobrir uma solução para o problema, isso sem deixar de preservar aquilo que foi apurado, a saber: que há crescimento sempre que aquilo que cresce o faz e persiste graças à adição de alguma coisa, ocorrendo, por outro lado, diminuição devido à remoção de alguma coisa; que todo *signo perceptível*[157] tornou-se maior ou menor; que nem o corpo é vazio nem o mesmo espaço comporta duas grandezas; e que a adição de qualquer coisa incorpórea não determina que o crescimento ocorra. Devemos apreender a causa começando pelas distinções de que *as partes dessemelhantes*[158] têm o seu crescimento determinado por aquele das *partes semelhantes* (com efeito, cada uma daquelas é composta destas), e de que a carne, o osso e cada uma dessas partes têm caráter duplo, *como todas as demais coisas que na matéria possuem sua forma*[159]; com efeito, quer a matéria quer a forma são classificadas como carne ou osso. Daí a possibilidade da adição de alguma coisa produzir o crescimento de qualquer parte com referência à forma, mas não com referência à matéria. Cumpre concebermos isso como quando alguém procede à medição da água com a mesma medida, pois aquilo que vem a ser é sempre em sucessão um do outro. A matéria da carne cresce dessa maneira, duas coisas alternando-se num fluxo para fora e outro para dentro, sem que nenhuma partícula dela receba uma adição, mas sim todas as partes de sua figura e de sua forma. Nas partes dessemelhantes, por exemplo na mão, há

---

154. ...καὶ ἡ ἀρχὴ τῆς κινήσεως... (*kai he arkhè tês kinéseos*).
155. ...τὸ εἰσελθὸν... (*tò eiselthòn*), quer dizer, o alimento que ingressa no corpo.
156. ...πνεῦμα. ... (*pneŷma.*), isto é, flatulência.
157. ...σημεῖον αἰσθητὸν... (*semeîon aisthetòn*), mas leia-se *partícula perceptível*.
158. ...τὰ ἀνομοιομερῆ... (*tà anomoiomerê*).
159. ...ὥσπερ καὶ τῶν ἄλλων τῶν ἐν ὕλῃ εἶδος ἐχόντων... (*hósper kai tôn állon tôn en hýlei eîdos ekhónton*).

mais evidência de um crescimento proporcional, o que se explica pelo fato de que, sendo a matéria na mão distinta da forma, mostra-se mais do que na carne e nas partes semelhantes. *Eis porque, no tocante a um cadáver, nos inclinamos mais a pensar que ainda detém carne e osso do que uma mão e um braço.*[160] Diante disso, conclui-se que num certo sentido toda parte da carne cresceu, enquanto num outro sentido não. Com efeito, do ponto de vista da forma, todas as partes receberam uma adição, embora isso não haja ocorrido do ponto de vista da matéria. Quanto ao todo, entretanto, ele se tornou maior graças à adição de alguma coisa que chamamos de alimento, que é o oposto da carne, e graças à sua transformação numa forma que é idêntica à da carne, para o que serve de exemplo o úmido, que, na hipótese de ser adicionado ao seco, uma vez consumada essa adição, tivesse de se transformar e se tornar seco; com efeito, contemplamos duas possibilidades: *o semelhante crescer pelo semelhante*[161] e [*o dessemelhante*] *pelo dessemelhante*[162].

Seria o caso de questionarmos qual deve ser a natureza daquilo que é instrumento do crescimento das coisas. Parece evidente ser o que em potência está crescendo, por exemplo, carne em potência, supondo que o que está crescendo seja carne. Daí, por via de consequência, em ato é algo diferente. Nessa perspectiva, isso cessou de ser e veio a ser carne, não por si mesmo (caso em que seria vir a ser e não crescimento), mas é a coisa que cresce [que se converte em carne por intermédio do alimento]. Assim, de que modo [o alimento] sofre a ação da coisa que cresce? Será por que houve mistura nesse caso, supondo que, tendo alguém vertido água no vinho este se capacitasse a fazer da mescla vinho? E analogamente ao fogo, ao ser *o combustível*[163] por ele absorvido,

---

160. ...διὸ καὶ τεθνεῶτος μᾶλλον ἂν δόξειεν εἶναι ἔτι σὰρξ καὶ ὀστοῦν ἢ χεὶρ καὶ βραχίων. ... (*diò kaì tethneôtos mâllon àn dóxeien eînai éti sàrx kaì ostoýn è kheir kaì brakhíon.*).

161. ...τὸ ὅμοιον ὁμοίῳ αὐξάνεται, ... (*tò hómoion homoíoi ayxánetai,*).

162. ...ἔστι δ' ὡς ἀνομοίῳ. ... (*ésti d' hos anomoíoi*). ...τὸ ἀνόμοιον... (*tò anómoion*) conjecturado.

163. ...τοῦ καυστοῦ, ... (*toý kaystoý,*), aquilo que é inflamável.

o princípio do crescimento, encerrado na coisa que cresce apodera-se da carne adicionada (carne em potência) e a transforma em carne em ato. Esta, assim, está presente na coisa que cresce, *pois se estivesse separada, teríamos uma geração (vir a ser)*[164]. De fato, o colocar lenha no fogo preexistente possibilita a produção
15 de fogo. Aqui ocorre crescimento, mas quando a própria lenha é acesa, o que ocorre é geração (vir a ser).

A quantidade universal não vem a ser, como tampouco o animal que não é nem ser humano nem os particulares;[165] mas universal aqui[166] na geração (vir a ser) corresponde à quantidade universal no crescimento. No que respeita ao crescimento, o que vem a ser é carne, ou osso, ou mão e as partes entre si semelhantes desses; isso
20 é produzido pela adição de uma certa quantidade de alguma coisa, mas não por uma certa quantidade de carne. Portanto, na medida em que essa adição é em potência a mistura de ambos os elementos, digamos uma quantidade de carne, resulta em aumento; com efeito, é preciso que quer a quantidade, quer a carne venham a ser; entretanto, na medida em que a adição se restringe à carne, ela nutre; *é nisso, com efeito, que, no que toca à sua definição, diferem alimentação e crescimento.*[167] Isso explica por que a nutrição de alguém prossegue enquanto sua vida for preservada, mesmo quando esteja sendo submetido à diminuição, nem sempre estando crescendo. E alimentação e crescimento, embora idênticos, na sua
25 essência são diferentes. De fato, aquilo que é adicionado produz crescimento de carne enquanto constituir em potência uma quantidade de carne, mas constitui nutrição enquanto for unicamente carne em potência.

---

164. ...εἰ γὰρ χωρίς, γένεσις. ... (*ei gàr khorís, génesis.*).

165. ...Ποσὸν δὲ τὸ μὲν καθόλου οὐ γίνεται, ὥσπερ οὐδὲ ζῷον ὃ μήτ' ἄνθρωπος μήτε τῶν καθ' ἕκαστα... (*Posòn dè tò mèn kathóloy oy gínetai, hósper oydè zôion hò mét' ánthropos méte tôn kath' hékasta*). Entenda-se ...τῶν καθ' ἕκαστα... como os animais (seres vivos) pertencentes às diversas espécies animais, que, como espécies, são particulares e não universais. Aristóteles destaca aqui a espécie humana.

166. Ou seja, o animal universal.

167. ...ταύτῃ γὰρ διαφέρει τροφὴ καὶ αὔξησις τῷ λόγῳ. ... (*taýtei gàr diaphérei trophè kaì aýxesis tôi lógoi.*).

*Essa forma **sem matéria**[168] é uma certa potência na matéria, como um tubo.*[169] O resultado será tais tubos tornarem-se maiores caso for adicionada uma matéria que é em potência um tubo e possui em potência uma determinada quantidade. No entanto, se ela[170] perder sua capacidade de atuação, e como a água com o vinho em quantidades continuamente maiores acaba por tornar o vinho aguado, tornando-o água, provocará uma redução da quantidade, a despeito da persistência da forma.

6

Constitui nossa necessária tarefa principiar pela abordagem da matéria e dos chamados *elementos*[171], apurar se existem ou não e se cada um deles é *eterno*[172], ou se de algum modo são gerados (vêm a ser), e se vêm a ser, se este se produz entre eles mutuamente, valendo isso para todos, ou se algum deles é um elemento primário. Cabe-nos, assim, necessariamente abordar aquilo de que até agora as pessoas falaram apenas de maneira vaga. Com efeito, todos os que concebem o vir a ser dos elementos[173] e os que concebem o vir a ser dos corpos compostos a partir dos elementos[174] se servem dos conceitos de dissociação e associação e daqueles de ação e paixão.[175] A associação é uma mescla, embora o que queremos dizer com *mesclar*[176] não haja sido determinado com clareza. Entretanto, a ausência *daquele que age e daquele que*

---

168. ...ἄνευ ὕλης, ... (*áney hýles,*), excluído por H. H. Joachim. Não vimos por que não seguir Bekker.

169. ...Τοῦτο δὲ τὸ εἶδος ἄνευ ὕλης, οἷον αὐλός, δύναμίς τις ἐν ὕλῃ ἐστίν. ... (*Toŷto dè tò eîdos áney hýles, hoîon aylós, dýnamis tis en hýlei estín.*).

170. Quer dizer, a tal forma.

171. ...στοιχείων... (*stoikheíon*).

172. ...ἀΐδιον... (*aídion*).

173. Anaxágoras, Leucipo, Demócrito e Platão.

174. A alusão é especialmente a Empédocles.

175. Ver notas 19 e 38.

176. ...μίγνυσθαι... (*mígnysthai*): verbo μίγνυμι (*mígnymi*).

10 *sofre a ação*¹⁷⁷ impossibilita tanto a alteração quanto a dissociação e a associação; aqueles, com efeito, que concebem a multiplicidade dos elementos entendem que a geração (vir a ser) do que é composto deve-se à ação e à paixão recíprocas de ditos elementos; aqueles que entendem que a geração (vir a ser) do que é composto é a partir de um único elemento são obrigados a postular a ação, sendo correto o que diz Diógenes¹⁷⁸, isto é, que se tudo não proviesse do uno,
15 ação e paixão recíprocas seriam impossíveis, por exemplo: o que é quente não se arrefeceria, e o frio não voltaria a ser quente; com efeito, o que ocorre não é a mútua mudança calor/frio, mas sim evidentemente a mudança do substrato. Resulta que, onde quer que exista ação e paixão, *a natureza que lhes serve de fundamento*¹⁷⁹ é una. É falsa, contudo, a afirmação de que todas as coisas têm isso
20 como característica, embora seja aplicável com referência às coisas entre as quais ocorrem ação e paixão recíprocas.

Mas se nos dispusermos a examinar o agir e o sofrer ação (ou seja, a ação e a paixão), e o mesclar, isso exigirá que examinemos também o *contato*¹⁸⁰; de fato, é somente entre coisas capazes de contato mútuo que é possível ocorrer propriamente a ação e a paixão; tampouco é possível que as coisas principiem a se mesclar sem que
25 entrem em contato. Conclui-se ser necessário definirmos essas três coisas, a saber, *o contato, a mescla e a ação*.¹⁸¹

---

177. ...ποιοῦντος μηδὲ πάσχοντος... (*poioýntos medè páskhontos*).

178. Diógenes de Apolônia (século V a.C.), filósofo da natureza pré-socrático.

179. ...τὴν ὑποκειμένην φύσιν. ... (*tèn hypokeiménen phýsin.*).

180. ...ἀφῆς... (*haphês*).

181. ...τί ἀφὴ καὶ τί μίξις καὶ τί ποίησις. ... (*tí haphè kaì tí míxis kaì tí poíesis.*). Literalmente: ...o que é contato, o que é mescla e o que é ação... . É de se notar que o Estagirita emprega a palavra ποίησις como sinônima de πρᾶξις (*práxis*), bem como em outras passagens deste tratado o verbo ποιέω e suas variações verbais da mesma forma em relação ao verbo πράσσω (*prásso*) ou πράττω (*prátto*). Em 323a10 ele se expressa analogamente ao empregar o adjetivo correspondente. Em outras obras suas, como por exemplo na *Ética a Nicômaco* [Obra publicada em *Clássicos Edipro* (N.E.)], Livro VI, cap. 4, 1140a1-20, por conta de sua investigação específica, ele distingue πρᾶξις de ποίησις como respectivamente *ação* e *criação* (produção, fabricação) e os verbos citados como respectivamente *criar* (produzir, fabricar) e *fazer* ou *agir*.

Principiemos pelo que se segue. Há, da parte de todos *os seres*[182] suscetíveis de mescla, a necessidade de serem capazes de mútuo contato; o mesmo vale para qualquer dupla de coisas, uma delas, a nos exprimirmos estritamente, sendo ativa e a outra passiva. Diante disso, cabe-nos primeiramente abordar o contato. É de se admitir,
30 com efeito, que sucede com *contato* o mesmo que com quaisquer outras palavras dotadas de múltiplos sentidos, empregadas por conta de homonímia ou devido à derivação de distintos sentidos a partir de outros anteriores. Todavia, fala-se estritamente *contato* somente quando a referência é a coisas detentoras de *posição*[183].
323a1 Posição, ademais, diz respeito às coisas detentoras de *lugar*[184]; com efeito, contato e lugar devem ser conferidos igualmente *aos objetos matemáticos*[185], quer cada um exista separadamente, quer exista diferentemente. Portanto, se, como foi definido anteriormente,[186] o contato entre as coisas requer que seus extremos sejam comuns,
5 somente estarão em contato as coisas que – detentoras de grandezas e posição definidas – possuem extremos comuns. Como a posição diz respeito a coisas adicionalmente detentoras de lugar, e este tem como sua diferença primordial *o acima e o abaixo*[187] e outras oposições semelhantes, conclui-se que todas as coisas que mantêm mútuo contato possuem *peso*[188] ou *leveza*[189], ou ambos, ou
10 um ou outra. *Tais coisas estão aptas à ação e a sofrer ação,*[190] com o que se revela estarem naturalmente em contato entre si; são elas grandezas separadas, seus extremos coincidem e estão capacitadas a se moverem e serem movidas entre si. *Todavia, considerando que não é igualmente que o motor move o movido, mas este o faz neces-*

---

182. ...τῶν ὄντων... (*tôn ónton*), as coisas que são (as coisas que existem).

183. ...θέσιν. ... (*thésin.*).

184. ...τόπος... (*tópos*).

185. ...τοῖς μαθηματικοῖς... (*toîs mathematikoîs*).

186. Na *Física*.

187. ...τὸ ἄνω καὶ τὸ κάτω... (*tò áno kaì tò káto*).

188. ...βάρος... (*báros*).

189. ...κουφότητα, ... (*koyphóteta,*).

190. ...τὰ δὲ τοιαῦτα παθητικὰ καὶ ποιητικά... (*tà dè toiaŷta pathetikà kaì poietiká*). Quanto à ...ποιητικά..., ver nota 181.

sariamente ao ser ele próprio movido, enquanto aquele outro é imóvel,[191] evidencia-se a necessidade de dizermos o mesmo daquilo que age; *e, com efeito, se diz que o motor age de algum modo e que o agente move*.[192] Existe, porém, uma diferença e se impõe uma distinção, pois nem todo motor é capaz de agir *se é o caso de opormos o agente ao paciente, este se aplicando apenas às coisas cujo movimento é uma propriedade passiva,*[193] ou seja, uma propriedade passiva como o branco e o quente, em função da qual elas sofrem alteração; na contramão disso, o sentido de mover é mais amplo do que o de agir (atuar). Ao menos fica aqui esclarecido o seguinte: que num sentido *os motores*[194] estão capacitados a tocar (contatar) as coisas que podem ser movidas, enquanto num outro não estão capacitados para isso. A definição, porém, de contato no seu sentido universal refere-se a coisas que, pelo fato de possuírem posição, se habilitam a participar do movimento, uma delas como motor, a outra como coisa movida; diferentemente, o contato mútuo (recíproco) ocorre entre essas coisas (as capazes de mover ou serem movidas) desempenhando elas as funções de agente e de paciente. É incontestável, no geral, que uma vez alguma coisa toque outra, isso determina que esta última toque a primeira; com efeito, a quase totalidade das coisas quando em movimento o transmitem às coisas com que topam; nesta conjuntura, é evidente que aquilo que faz contato não só deve necessariamente tocar o que o contata, como é realmente o que executa. Isso, contudo, não elimina a possibilidade, como o dizemos por vezes, de exclusivamente o motor tocar o movido, a dispensar que o primeiro toque algo que o toca; a conclusão necessária

---

191. ...ἐπεὶ δὲ τὸ κινοῦν οὐχ ὁμοίως κινεῖ τὸ κινούμενον, ἀλλὰ τὸ μὲν ἀνάγκη κινούμενον καὶ αὐτὸ κινεῖν, τὸ δ' ἀκίνητον ὄν, ... (*epeì dè tò kinoŷn oykh homoíos kineî tò kinoýmenon, allà tò mèn anágke kinoýmenon kaì aytò kineîn, tò d' akíneton ón,*).

192. ...καὶ γὰρ τὸ κινοῦν ποιεῖν τί φασι καὶ τὸ ποιοῦν κινεῖν. ... (*kaì gàr tò kinoŷn poieîn tí phasi kaì tò poioŷn kineîn.*).

193. ...εἴπερ τὸ ποιοῦν ἀντιθήσομεν τῷ πάσχοντι, τοῦτο δ' οἷς ἡ κίνησις πάθος, ... (*eíper tò poioŷn antithésomen tôi páskhonti, toŷto d' hoîs he kínesis páthos,*).

194. ...τὰ κινοῦντα... (*tà kinoŷnta*), ou seja, *as coisas que movem, as coisas que imprimem movimento a outras.*

de que as coisas tocam aquilo que as toca parece ser porque *as coisas de gênero idêntico*[195], ao serem movidas, geram movimento. Assim, se uma coisa, sem que seja ela mesma movida, gera movimento, seria o caso de tocar o movido, isto sem que ela própria fosse tocada por coisa alguma; de fato, às vezes dizemos que alguém que nos aflige "nos toca"[196], ainda que não o toquemos. Eis, portanto, no que diz respeito ao contato, sua definição *na esfera das coisas naturais*[197].

323b1
7

Devemos, na sequência, nos dedicar à abordagem da *ação e da paixão*[198], uma vez tendo recebido a esse respeito explicações conflitantes entre si de nossos predecessores. De fato, há uma
5 concordância da parte da maioria deles quanto à afirmação de que o semelhante jamais sofre a ação do semelhante, porque nem um nem outro é mais ativo ou passivo (com efeito, é num grau semelhante que todas as mesmas propriedades pertencem às coisas semelhantes), e de que *as coisas dessemelhantes e as coisas diferentes estão naturalmente sujeitas à ação e paixão recíprocas*[199]. Com
10 efeito, quando o fogo menor é destruído pelo maior, diz-se que é devido à contrariedade que o primeiro sofre a ação do segundo, pois o muito é o contrário do pouco. Demócrito, porém, con-

---

195. ...τὰ ὁμογενῆ, ... (*tà homogenê,*).
196. ...ἅπτεσθαι ἡμῶν, ... (*háptesthai hemôn,*). Aristóteles parece utilizar o verbo ἅπτω (*hápto*) em sentido figurado, pois esse verbo apresenta geralmente um sentido marcantemente físico, aparentado ao sentido do substantivo ἀφή (*haphé*): contato, toque, tato. Tanto o verbo quanto o substantivo estão precisamente vinculados à percepção sensorial, ao sentido do tato. A ideia expressa figurativamente parece ser a de que aquele que nos aflige, que nos causa dor (não necessariamente física, mas também emocional e moral) nos *atinge*, "nos toca" no sentido de nos causar comoção, abalo, perturbação, a propósito noções contidas no amplo leque semântico do importante vocábulo κίνησις (*kínesis*), que traduzimos, por falta de termo melhor, por movimento.
197. ...ἐν τοῖς φυσικοῖς... (*en toîs physikoîs*). Joachim inicia o capítulo 7 em 323a34.
198. ...ποιεῖν καὶ πάσχειν... (*poieîn kaì páskhein*), agir e sofrer ação. Ver nota 181.
199. ...τὰ δ' ἀνόμοια καὶ τὰ διάφορα ποιεῖν καὶ πάσχειν εἰς ἄλληλα πέφυκεν. ... (*tà d' anómoia kaì tà diáphora poieîn kaì páskhein eis állela péphyken.*).

trariou todos os outros e sustentou, sozinho, uma opinião peculiar; diz, efetivamente, que o agente e o paciente são idênticos e semelhantes; com efeito, no que respeita a coisas que são *outras e diferentes*[200] não é possível que sofram mútua ação, porém se acontece de duas coisas na alteridade atuarem (agirem) uma sobre a outra, isso acontece não por causa de sua alteridade, mas porque alguma propriedade idêntica lhes é inerente.

Eis, portanto, o que disseram, e, pelo que parece, aqueles que professaram essas teorias assumiram posições que se revelam opostas entre si. Essa oposição, todavia, tem uma causa, a saber: cada partido, ao examinar a questão, em lugar de estudá-la como um todo, pronunciou-se somente em relação a uma parte da questão. De fato, o posicionamento segundo o qual a coisa que é semelhante à outra, desta não diferindo absolutamente em aspecto algum, de modo algum sofre sua ação é um posicionamento *razoável*[201] (afinal, por que uma delas se disporia a ser mais ativa do que a outra? Se fosse possível o semelhante sofrer a ação do semelhante, possível também seria sofrer ele a ação de si mesmo; nesta conjuntura, porém, no caso do semelhante ser ativo enquanto semelhante, não existiria, no tocante a coisa alguma, incorruptibilidade nem imobilidade, uma vez que tudo moveria a si mesmo). Se a alteridade for total e não houver nenhuma identidade, sucederá o mesmo. Realmente não há como a brancura sofrer a ação da linha ou a linha a ação da brancura, salvo acidentalmente, *por exemplo, se acidentalmente a linha fosse branca ou preta*[202]; somente no caso de ambas as coisas serem contrárias, ou compostas a partir de contrários, poder-se-ia deslocar mutuamente uma ou outra de sua condição natural. Mas como não são coisas fortuitas que estão naturalmente aptas a sofrer ação ou exercê-la, mas somente as que são contrárias ou que são detentoras de contrariedade, é forçoso que tanto o *agente quanto o paciente sejam semelhantes e idênticos quanto ao gênero*, e

---

200. ...ἕτερα καὶ διαφέροντα... (*hétera kaì diaphéronta*).
201. ...εὔλογον... (*eýlogon*), ou seja, aquilo que é de esperar, não necessariamente aquilo que é racional.
202. ...οἷον εἰ συμβέβηκε λευκὴν ἢ μέλαιναν εἶναι τὴν γραμμήν... (*hoîon ei symbébeke leykèn è mélainan eînai tèn grammén*).

*dessemelhantes e contrários quanto à espécie*²⁰³ (com efeito, o corpo possui uma aptidão natural que lhe faculta sofrer a ação do corpo; o *sabor*,²⁰⁴ a do sabor; a *cor*,²⁰⁵ a da cor; e em geral aquilo que compartilha do mesmo gênero sofrer a ação de alguma coisa do mesmo gênero. Isso tem como razão todos os contrários estarem no mesmo gênero, ação e paixão ocorrendo mutuamente entre contrários), a se concluir que o agente e o paciente são num sentido necessariamente idênticos, e num outro sentido diferentes e mutuamente dessemelhantes. E como são quanto ao gênero *idênticos e semelhantes*²⁰⁶, mas quanto à espécie dessemelhantes, evidencia-se, uma vez ser essa a natureza dos contrários, que esses *e seus intermediários*²⁰⁷ são passivos e ativos entre si; com efeito, é no domínio deles que geralmente ocorrem a corrupção (cessar de ser) e a geração (vir a ser).

Daí ser razoável conceber, nessa conjuntura, que o fogo aquece, que o frio arrefece, e, em termos gerais, o ativo assimila em si próprio o passivo; é de se observar, com efeito, que o agente e o paciente são contrários e que o vir a ser (geração) dirige-se ao contrário, impondo a transformação do paciente no agente, com o que unicamente o vir a ser se dirigirá ao contrário. É *segundo a razão*,²⁰⁸ inclusive, a suposição de que, embora não exprimam opiniões idênticas, *ambas*²⁰⁹ essas posições atingem a natureza das coisas. Com efeito, ora dizemos que o que sofre ação é o substrato (por exemplo, a pessoa sendo curada, aquecida e submetida ao frio, e assim por diante), ora que é o frio que está sendo aquecido e que é o doente que está sendo curado. Ambos discursos são verdadeiros (o mesmo sucede com referência ao agente, pois ora dizemos que é a pessoa

---

203. ...ἀνάγκη καὶ τὸ ποιοῦν καὶ τὸ πάσχον τῷ γένει μὲν ὅμοιον εἶναι καὶ ταὐτό, τῷ δ' εἴδει ἀνόμοιον καὶ ἐναντίον... (*anágke kaì tò poioýn kaì tò páskhon tôi génei mèn hómoion eînai kaì taytó, tôi d' eídei anómoion kaì enantíon*).

204. ...χυμός... (*khymòs*), sentido restrito.

205. ...χρῶμα... (*khrôma*).

206. ...ταὐτὰ καὶ ὅμοια... (*taytà kaì hómoia*).

207. ...καὶ τὰ μεταξύ... (*kaì tà metaxý*).

208. ...κατὰ λόγον... (*katà lógon*).

209. ...ἀμφοτέρους... (*amphotéroys*): a alusão de Aristóteles é presumivelmente à ala dos pensadores em geral e à posição sustentada isoladamente pelo atomista Demócrito.

que aquece, ora que aquilo que aquece é o que é quente: num sentido, de fato, o que sofre ação é a matéria, noutro é o contrário). Portanto, um partido atentou para o substrato, concebendo a posse necessária por parte do agente e do paciente de algo idêntico, enquanto o outro partido concentrou sua atenção nos contrários, sustentando a posição oposta.

25 *Supõe-se que a explicação sobre o agir e o sofrer ação seja a mesma sobre o mover e o ser movido*.[210] Com efeito, o sentido de motor também é duplo; considera-se, efetivamente, ser ele o posto do princípio cinético (visto que esse princípio é a primeira das causas), bem como aquilo que constitui o extremo relativamente ao que é movido e à geração (vir a ser). Igualmente no que diz respeito ao agente; dizemos, com efeito, tanto do médico quanto do vinho que 30 curam. Ora, nada há, no movimento, a obstar que o primeiro motor seja imóvel (a propósito, em algumas situações isso é necessário), ao passo que é graças a ser movido que o último motor sempre gera movimento; na ação, enquanto o primeiro agente é *insuscetível de paixão*[211], o último também, ele mesmo, sofre ação; com efeito, aquilo que não possui a mesma matéria exerce ação, mas é insus-35 cetível de sofrer ação (por exemplo, *a medicina*[212] produz saúde, 324b1 porém não sofre ela própria ação do objeto da cura), enquanto o *alimento*[213], à medida que atua, sofre ele mesmo alguma ação; com efeito, à medida que exerce sua ação, é aquecido ou arrefecido ou submetido de alguma outra forma à ação. A medicina é como se fosse um princípio, ao passo que o alimento é como se fosse o último motor, este em contato com a coisa movida.

5 Portanto, entre as coisas ativas, são insuscetíveis de paixão aquelas que *não possuem a forma na matéria*[214], enquanto são suscetíveis de paixão as que possuem a forma na matéria; com efeito, di-

---

210. ...Τὸν αὐτὸν δὲ λόγον ὑποληπτέον εἶναι περὶ τοῦ ποιεῖν καὶ πάσχειν ὅνπερ καὶ περὶ τοῦ κινεῖν καὶ κινεῖσθαι. ... (*Tòn aytòn dè lógon hypoleptéon eînai perì toŷ poieîn kaì páskhein hónper kaì perì toŷ kineîn kaì kineîsthai.*).

211. ...ἀπαθές, ... (*apathés,*), ou seja, não sofre nenhuma ação.

212. ...ἡ ἰατρική, ... (*he iatriké,*).

213. ...σιτίον... (*sitíon*), sentido genérico.

214. ...μὴ ἐν ὕλῃ ἔχει τὴν μορφήν, ... (*mè en hýlei ékhei tèn morphén,*).

zemos que a matéria de que é composta uma ou outra de duas coisas opostas é igualmente idêntica, sendo, por assim dizer, como um gênero; que aquilo que pode ser quente se tornará necessariamente quente uma vez esteja presente e próximo aquilo capaz de produzir o aquecimento. Daí, como foi dito, a razão de alguns agentes serem insuscetíveis de paixão, enquanto outros são dela suscetíveis. E tal como ocorre com o movimento, ocorre com os agentes, uma vez que, tal como no que se refere ao movimento, *o primeiro motor é imóvel*,[215] naquilo que se refere aos agentes, *o primeiro agente é insuscetível de paixão*[216]. Embora o agente seja uma causa, porquanto é ele o princípio cinético, aquilo em função do que atua não é ativo (o que explica não ser a saúde ativa, o sendo apenas metaforicamente); com efeito, estando presente o agente, o paciente torna-se algo, ao passo que quando se trata da presença de *estados*[217], o paciente não se torna, *mas já é*[218]; as formas e os fins são um tipo de estado. *Mas a matéria enquanto matéria é passiva.*[219] Portanto, o fogo encerra o calor na matéria; se existir, porém, algo quente independentemente dela, não sofre, de modo algum, ação. Portanto, talvez seja impossível a existência separada do calor; entretanto, se essa existência for possível, nosso presente discurso também será verdadeiro no que diz respeito a ela. Eis aí, assim, nossa explicação acerca do agir e do sofrer ação (ação e paixão), no que ocorrem, por que e de que modo.

8

Voltemos um pouco atrás a fim de discutir de que maneira é possível acontecerem.[220] Há os que pensam que cada paciente sofre ação quando *o último agente, o que o mais propriamente o é*,[221]

---

215. ...τὸ πρώτως κινοῦν ἀκίνητον, ... (*tò prótos kinoŷn akíneton,*).
216. ...τὸ πρῶτον ποιοῦν ἀπαθές. ... (*tò prôton poioŷn apathés.*).
217. ...ἕξεων... (*héxeon*).
218. ...ἀλλ' ἔστιν ἤδη... (*all' éstin éde*).
219. ...ἡ δ' ὕλη ᾗ ὕλη παθητικόν. ... (*he d' hýle hêi hýle pathetikón*).
220. Quer dizer, ação e paixão. Joachim inicia o capítulo 8 com a frase a seguir.
221. ...τοῦ ποιοῦντος ἐσχάτου καὶ κυριωτάτου, ... (*toŷ poioŷntos eskhátoy kaì kyriotátoy,*).

faz seu ingresso por *certas passagens*²²² e, segundo dizem, é graças a essa operação, inclusive, que vemos, ouvimos e exercemos todos os demais sentidos, além do que as coisas são vistas *através do ar e da*
30 *água e dos corpos transparentes*²²³ pelo fato de estes últimos possuírem passagens (poros); e é devido à sua pequenez que esses poros são invisíveis, embora estejam dispostos de maneira compacta e enfileirados; e quanto mais transparentes os corpos, mais passagens (poros) possuem.

Essa foi, portanto, a teoria proposta por alguns, inclusive Empédocles, no que diz respeito a certos [corpos], mas sem restringi-la àqueles que exercem ação e sofrem ação; sustentam adicionalmente que também a mescla limita-se a ocorrer entre [corpos] que pos-
35 suem passagens (poros) mutuamente simétricos; foram, entretan-
325a1 to, Leucipo e Demócrito,²²⁴ recorrendo ao princípio natural, que exprimiram de maneira especialmente metódica uma explicação que toca a todos [os corpos]. *Com efeito, alguns dos antigos opinaram que o ser é necessariamente uno e imóvel*;²²⁵ de fato, conceberam a inexistência do vazio, porém a inexistência separada de um vazio
5 conduz à impossibilidade de ser transmitido movimento ao ser; tampouco seria possível a multiplicidade das coisas na ausência de algo que as mantivesse separadas; pensam, ademais, que a suposição de que *o universo*²²⁶ não é contínuo, mas dividido em partes em

---

222. ...τινων πόρων... (*tinon póron*), mas o sentido contemplado parece ser mais restrito, isto é, certos *poros*.

223. ...διά τε ἀέρος καὶ ὕδατος καὶ τῶν διαφανῶν, ... (*diá te aéros kaì hydatos kaì tôn diaphanôn,*).

224. Os atomistas.

225. ...ἐνίοις γὰρ τῶν ἀρχαίων ἔδοξε τὸ ὂν ἐξ ἀνάγκης ἓν εἶναι καὶ ἀκίνητον... (*eníois gàr tôn arkhaíon édoxe tò òn ex anágkes hèn eînai kaì akíneton*). A alusão é aos filósofos da escola eleática em geral (Xenófanes de Colofonte, Parmênides de Eleia, Zenão de Eleia, Melisso de Samos), porém mais particularmente aos três últimos. Parmênides de Eleia (*c.* 500 a.C.) e Melisso de Samos (*c.* 440 a.C.) foram filósofos pré-socráticos, mas não *filósofos da natureza* (φυσικοί [*physikoí*]); com eles nasce, em termos rigorosamente filosóficos, com base em Xenófanes, a ontologia, ou seja, o que será chamado posteriormente de *metafísica*, ou, mais propriamente, a especulação metafísica, investigação do ser enquanto ser. Ver o tratado de Aristóteles *Sobre Melisso, sobre Xenófanes e sobre Górgias*.

226. ...τὸ πᾶν... (*tò pân*), o todo.

contato, corresponde a sustentar a multiplicidade, e não a unidade, e a existência do vazio. Com efeito, se o universo é inteiramente divisível, inexiste o uno e, por via de consequência, tampouco existe multiplicidade, sendo o todo vazio; a suposição, por outro lado, de que sua divisibilidade ocorre num ponto, mas não em outro, não passa, ao que parece, de uma suposição artificial, pois qual a medida de sua divisibilidade e como explicar ser o todo parcialmente indivisível e pleno e parcialmente divisível? Dizem, além disso, ser igualmente imperiosa a inexistência do movimento. Portanto, com base nesses argumentos, que acompanhando obrigatoriamente a razão determinam a superação e a desconsideração da percepção sensorial, sustentam que o universo é uno e imóvel; como seu limite seria um limite em relação ao vazio, alguns acrescentam que é também infinito. Assim e devido a tais causas, portanto, alguns pensadores manifestaram suas opiniões *acerca da verdade*[227]. Ademais,[228] embora essas opiniões pareçam decorrer [coerentemente] dos argumentos, diante *das coisas factuais*[229] parecem ser *quase loucura*[230]; *nenhum louco, com efeito, encontra-se fora de si a ponto de opinar que o fogo e o gelo são um,*[231] mas alguns, mediante sua loucura, parecem não perceber, por meio do hábito, qualquer diferença entre *as coisas belas e as que têm delas a aparência*[232].

Leucipo, contudo, pensou estar de posse de argumentos em harmonia com a percepção sensorial e, ademais, que não suprimem nem a geração (vir a ser), nem a corrupção (cessação de ser), nem o movimento *ou a multiplicidade dos seres*[233]. Ao fazer paralelamente

---

227. ...περὶ τῆς ἀληθείας... (*perì tês aletheías*).

228. ...ἔτι... (*éti*), mas este aditivo soa estranho aqui. Joachim sugere uma lacuna imediatamente anterior a essa palavra.

229. ...τῶν πραγμάτων... (*tôn pragmáton*).

230. ...μανίᾳ παραπλήσιον... (*maníai paraplésion*).

231. ...οὐδένα γὰρ τῶν μαινομένων ἐξεστάναι τοσοῦτον ὥστε τὸ πῦρ ἓν εἶναι δοκεῖν καὶ τὸν κρύσταλλον, ... (*oydéna gàr tôn mainoménon exestánai tosoŷton hóste tò pŷr hèn eînai dokeîn kaì tòn krýstallon,*).

232. ...τὰ καλὰ καὶ τὰ φαινόμενα... (*tà kalà kaì tà phainómena*). Entendam-se coisas belas no sentido tanto físico quanto moral.

233. ...καὶ τὸ πλῆθος τῶν ὄντων. ... (*kaì tò plêthos tôn ónton.*).

concessões *às aparências*[234] e aos que postulam a unidade no sentido de que a existência do movimento seria impossível sem um vazio, diz ele que o vazio é *não-ser*[235], e que nada do ser é não-ser, pois o que é soberanamente é um *pleno total*[236]; este, porém, não é uno, mas a multiplicidade de coisas infinitas cuja pequena massa determina sua invisibilidade. Essas coisas são carregadas no vazio (*pois existe vazio*)[237] e uma vez associadas produzem geração (vir a ser), se dissociadas, corrupção (cessar de ser). Onde eventualmente entram em contato (uma vez que nessa situação não apresentam unidade) exercem e sofrem ação, e quando associadas e entrosadas são geradoras; uma multiplicidade, porém, não pode vir a ser a partir do que é verdadeiramente uno, nem tampouco o que é uno a partir do que é verdadeiramente múltiplo, sendo isso impossível. Mas como Empédocles e alguns outros dizem que é através de suas passagens (poros) que as coisas são submetidas à ação, conclui-se que é desse modo que ocorre toda alteração e toda paixão, acontecendo *a dissolução e a corrupção (cessar de ser)*[238] mediante o vazio e igualmente o crescimento, com o ingresso dos *sólidos*[239].

Também a Empédocles é quase imposto dizer o mesmo que diz Leucipo, uma vez que aponta a existência de certos sólidos, que são indivisíveis, pois se não fossem existiriam por toda parte passagens (poros) contínuas. Isso é impossível, pois nesse caso não existirão outros sólidos, a não ser as passagens (poros), quando o todo é vazio. O que, portanto, daí decorre necessariamente é a indivisibilidade das coisas que mantêm contato, com a ressalva de que os espaços intermediários entre elas, por ele designados como passagens (isto é, poros), têm de ser vazios. Isso é também o que diz Leucipo acerca da ação e da paixão.

---

234. ...τοῖς φαινομένοις, ... (*toîs phainoménois,*).
235. ...μὴ ὄν, ... (*mè ón,*).
236. ...παμπληθὲς... (*pamplethès*).
237. ...κενὸν γὰρ εἶναι... (*kenòn gàr eînai*).
238. ...τῆς διαλύσεως καὶ τῆς φθορᾶς, ... (*tês dialýseos kaì tês phthorâs,*).
239. ...στερεῶν. ... (*stereôn*).

Eis aí, grosso modo, suas explicações a respeito de como algumas coisas agem e outras sofrem ação. E no que diz respeito a eles,[240] saltam aos olhos tanto o que explicam quanto a maneira como o fazem, e essas explicações revelam-se consideravelmente coerentes com as teses por eles esposadas. Quanto aos outros, isso não fica tão evidente; por exemplo, no caso de Empédocles falta clareza quanto à explicação de como ocorrem geração (vir a ser), corrupção (cessar de ser) e alteração. Com efeito, para os primeiros,[241] são indivisíveis *os corpos primários*[242], ou seja, aqueles corpos que dão origem aos corpos compostos e nos quais esses corpos compostos são finalmente decompostos; a única diferença entre os corpos primários é do ponto de vista de sua figura; em contrapartida, para Empédocles, embora seja evidente que todas as outras coisas, reduzidas até aos elementos, têm sua geração (vir a ser) e sua corrupção (cessar de ser), não o é como a grandeza acumulada dos próprios elementos vem a ser e cessa de ser; tampouco lhe é possível explicá-lo sem recorrer ao expediente de afirmar que existe também um elemento do fogo e, igualmente, de todos os demais tipos, como escreveu Platão no *Timeu*;[243] este, com efeito, difere de Leucipo, pois este último diz que os indivisíveis são *sólidos*[244], ao passo que, segundo Platão, são *planos*[245]; Leucipo sustenta que os indivisíveis são caracterizados por um número infinito de figuras {*para cada um dos sólidos indivisíveis*}[246], enquanto as figuras, para Platão, apresentam um número limitado; ambos convergem quanto a sustentarem a indivisibilidade dos elementos e que são figuras que os determinam. Para Leucipo é desses indivisíveis que resultam

---

240. Ou seja, os atomistas, a começar por Leucipo.

241. Isto é, os atomistas.

242. ...τὰ πρῶτα τῶν σωμάτων,... (*tà prôta tôn somáton,*).

243. *Timeu*, 53a e seguintes.

244. ...στερεὰ... (*stereà*).

245. ...ἐπίπεδα... (*epípeda*).

246. { } ...τῶν ἀδιαιρέτων στερεῶν ἕκαστον... (*tôn adiairéton stereôn hékaston*): este texto entre chaves é registrado com reservas por Bekker.

*as gerações (vires a ser) e as dissociações*²⁴⁷, {*havendo, no caso, duas maneiras*}²⁴⁸, mediante o vazio e mediante o contato (uma vez ser nesse ponto que cada corpo é divisível); para Platão, apenas mediante o contato, visto dizer ele que o vazio não existe.

Ocupamo-nos de planos indivisíveis *nos discursos anteriores*²⁴⁹; acerca dos sólidos indivisíveis, deixemos por ora de lado uma discussão mais extensiva do que lhes diz respeito, limitando-nos agora a uma abordagem sumária. Faz-se necessário declarar que cada um dos *indivisíveis*²⁵⁰ é insuscetível de paixão (com efeito, só pode sofrer ação por meio do vazio) e que não é capaz de produzir um estado ou propriedade passivos em qualquer outra coisa; não pode, com efeito, ser nem frio nem duro. É *despropositada*,²⁵¹ na verdade, a noção de que o calor só pode ser atribuído à figura esférica; isso nos faria concluir necessariamente que o oposto do calor, ou seja, o frio deva estar associado a alguma das outras figuras. *Igualmente despropositado pensar que se essas propriedades, quero dizer o calor e o frio, lhes pertencem,*²⁵² *não pertencem o peso e a leveza, e a dureza e a moleza.*²⁵³ Todavia, diz Demócrito que o excesso de cada um dos indivisíveis é proporcional ao seu aumento de peso, do que resulta também, de modo evidente, o seu aumento de temperatura. Sendo assim, impossível os indivisíveis não sofrerem ação entre si, digamos o ligeiramente quente sofrer a ação daquilo que termicamente muito o supera. Além disso, se é²⁵⁴ duro, também pode ser mole. O mole, de ime-

---

247. ...αἱ γενέσεις καὶ αἱ διακρίσεις... (*hai genéseis kaì hai diakríseis*).
248. { } ...δύο τρόποι ἂν εἶεν, ... {*dýo trópoi àn eîen,*}: registrado com reservas por Bekker.
249. ...ἐν τοῖς πρότερον λόγοις... (*en toîs próteron lógois*), ou seja, *Do Céu*, Livro III, 1, 299a1 e seguintes.
250. ...ἀδιαιρέτων... (*adiairéton*).
251. ...ἄτοπον, ... (*átopon*).
252. Ou seja, aos indivisíveis.
253. ... ἄτοπον δὲ κἂν εἰ ταῦτα μὲν ὑπάρχει, λέγω δὲ θερμότης καὶ ψυχρότης, βαρύτης δὲ καὶ κουφότης καὶ σκληρότης καὶ μαλακότης μὴ ὑπάρξει... (*átopon dè kàn ei taŷta mèn hypárkhei, légo dè thermótes kaì psykhrótes, barýtes dè kaì koyphótes kaì sklerótes kaì malakótes mè hypárxei*).
254. Ou seja, se o indivisível é.

diato, é designado como tal por sofrer uma certa ação; com efeito, mole é o que cede a uma pressão. É despropositado, ademais, que exclusivamente a *figura*²⁵⁵ esteja associada aos indivisíveis; e que na hipótese de propriedades estarem a eles associadas, apenas uma estaria associada a cada um dos indivisíveis, por exemplo, que um devesse ser frio, ao passo que o outro, quente; com efeito, nesse caso tampouco a natureza deles poderia ser única. Igualmente impossível, ademais, a associação de mais de uma propriedade a mais de um indivisível; de fato, sendo indivisível, terá no mesmo ponto *as propriedades passivas*²⁵⁶; disso decorre que, se sofre esfriamento, também atuará ou sofrerá ação de algum outro modo diferente. O mesmo ocorre no que se refere *às outras propriedades passivas*²⁵⁷; com efeito, esse embaraço é comum aos que sustentam que os indivisíveis são sólidos bem como aos que sustentam que são planos; afinal, como não é possível existir vazio nos indivisíveis, não podem se tornar nem mais rarefeitos, nem mais densos. Ademais, existir indivisíveis pequenos, mas não grandes, seria absurdo; com efeito, seria razoável, a esta altura, supor que corpos indivisíveis maiores estejam mais sujeitos a se partirem do que os pequenos, visto que, como ocorre com as coisas grandes, são facilmente submetidos à dissolução, porquanto se chocam com muitos corpos. Mas por que a indivisibilidade em geral é mais inerente às coisas pequenas do que às grandes? Além disso, no que respeita à natureza desses sólidos, trata-se de uma única natureza ou esta varia distribuindo-se em diversos grupos, *como se em sua massa alguns fossem ígneos e alguns terrosos?*²⁵⁸ Se todos são de uma única natureza, o que os levou à dissociação? Ou por que, ao se contatarem, não se tornam um, como a água ao contatar a água? Na verdade, o caso posterior em nada difere do anterior. Mas se são distintos, quais as qualidades que os dis-

---

255. ...σχῆμα... (*skhêma*).
256. ...τὰ πάθη, ... (*tà páthe,*).
257. ...τῶν ἄλλων παθημάτων... (*tôn állon pathemáton*).
258. ...ὥσπερ ἂν εἰ τὰ μὲν εἴη πύρινα, τὰ δὲ γήϊνα τὸν ὄγκον; ... (*hósper àn ei tà mèn eíe pýrina, tà dè géina tòn ógkon;*).

326b1 tinguem? É óbvia a conveniência de postulá-los, de preferência às figuras, como *princípios e causas*[259] dos acontecimentos. Se, ademais, sua diferença é distinta, caso ocorra contato entre eles tanto exercerão ação quanto a sofrerão reciprocamente. Ademais, o que é o seu motor? Pois se é algo que deles difere, são suscetíveis de sofrer ação; se, entretanto, cada um é seu próprio motor, uma de
5 duas: *ou* será divisível, em parte como motor, em parte como coisa movida, *ou* terá contrários a ele inerentes e sua matéria será única, não só aritmeticamente como também em potência.

No tocante àqueles que sustentam que a ocorrência das propriedades passivas é através do movimento das passagens (poros), se assim o entendermos mesmo que estes estejam preenchidos, isso tornará supérflua a noção de poros; na verdade, se todo o
10 corpo sofresse ação desse modo, inclusive se não tivesse poros, a mesma paixão ocorreria no seu próprio *contínuo*[260]. Além disso, como é possível, no tocante à visão nítida, que as coisas aconteçam como eles dizem que acontecem? De fato, se cada um dos poros é preenchido, não é possível ingressar, seja nos pontos de contato, seja através dos poros nos corpos transparentes. Afinal, qual a diferença entre essa condição e a completa privação dos po-
15 ros? O todo será igualmente pleno. Devemos acrescentar que se essas passagens (poros) fossem vazias (a despeito da necessidade de conterem corpos), voltaríamos a topar com a mesma conjuntura. Se, porém, seu tamanho não admite corpo algum, é ridículo pensar na existência de um pequeno vazio, mas negar a de um grande – independentemente de suas dimensões –, ou pensar que tudo o que significa vazio é um *espaço ocupado por um corpo*[261], fi-
20 cando claro, por conseguinte, que existirá um vazio igual quanto ao volume a todo corpo.

---

259. ...ἀρχὰς καὶ αἰτίας... (*arkhàs kaì aitías*).
260. ...συνεχὲς... (*synekhès*). Aristóteles define *contínuo* no tratado *Do Céu*, Livro I, 1, 268a7-8, nos seguintes termos: ...Συνεχὲς μὲν οὖν ἐστὶ τὸ διαιρετὸν εἰς ἀεὶ διαιρετά, ... (*Synekhès mèn oŷn esti tò diairetòn eis aeì diairetá,*): ...O contínuo é aquilo que é divisível em partes sempre passíveis de nova divisão, ...
261. ...χώραν σώματος, ... (*khóran sómatos,*).

É supérfluo, no geral, conceber a existência de poros, uma vez que, se mediante contato nada é produzido por alguma coisa atuante, tampouco isso ocorrerá se a coisa atuante passar através de poros. Se acontecer, entretanto, de ela atuar sobre algo mediante contato, observa-se que mesmo na ausência de poros, algumas coisas naturalmente habilitadas a exercer esse tipo de efeito recíproco sofrerão ação e outras a exercerão. Essas nossas considerações nos conduzem à revelação de que falar sobre poros como algumas pessoas concebem que existem é *ou falso ou inútil*[262]; visto que a divisibilidade dos corpos ocorre em toda parte, é inteiramente ridícula a postulação de poros; com efeito, sua divisibilidade os capacita à separação.

9

PARTINDO DO PRINCÍPIO muitas vezes indicado por nós, discursemos agora sobre o modo mediante o qual os seres capacitam-se a gerar, agir e sofrer ação. Se, com efeito, existe algo que, em potência, é isso ou aquilo e algo que o é em ato, na medida em que é o que é, é natural sofrer ação em todas as suas partes, e não isoladamente nesta e não naquela, e num maior ou menor grau dependendo do maior ou menor grau em conformidade com sua natureza; estaríamos, nesse caso, autorizados a fazer referência aos poros, tal como nos metais extraídos nas minas há *veios*[263] do material suscetíveis de sofrer ação ao serem distendidos de modo contínuo. *Cada [corpo], portanto, que apresenta coesão e é uno é insuscetível de paixão.*[264] O mesmo aplica-se a corpos que não mantêm quer contato mútuo, quer contato com outros corpos naturalmente suscetíveis de exercer ação ou sofrê-la. O que quero dizer pode ser exemplificado com o fogo, ou seja, não só aquece havendo contato com alguma coisa, como se encontrando esta à

---

262. ...ἢ ψεῦδος ἢ μάταιον, ... (*è pseýdos è mátaion,*).

263. ...φλέβες... (*phlébes*).

264. ...συμφυὲς μὲν οὖν ἕκαστον καὶ ἓν ὂν ἀπαθές. ... (*symphyès mèn oŷn hékaston kaì hèn òn apathés.*).

5 distância, *uma vez que o fogo aquece o ar, e o ar o corpo, naturalmente suscetível de exercer e sofrer ação.*[265] *Mas quanto a supor que a ação é sofrida numa parte, porém não numa outra, cabe-nos declarar o que se segue apoiando-nos nas distinções feitas inicialmente.*[266] Se a grandeza não é divisível em todo lugar, mas existe um corpo ou superfície indivisíveis, nenhum corpo está completamente sujeito à ação, mas tampouco algum que seja contínuo; mas se isso
10 for falso, e a admitir-se a divisibilidade de todos os corpos, não haverá diferença entre *ser dividido mas estar em contato, ou ser divisível*[267]; com efeito, se – como dizem alguns – é possível a um corpo ser dissociado nos pontos de contato, mesmo na hipótese de não ter sido ainda dividido, ele o será; com efeito, sua divisibilidade obsta qualquer impossibilidade. Em geral, constitui um
15 despropósito que isso se restrinja a acontecer dessa forma, ou seja, no caso da cisão dos corpos, porquanto essa explicação suprime a alteração, quando vemos que o mesmo corpo permanece contínuo, embora no tempo alternando entre liquidez e solidez, e não experimenta essa propriedade passiva mediante divisão ou composição (combinação), tampouco mediante *giro e inter-contato, como diz Demócrito*[268]; não foi, com efeito, graças a qualquer mu-
20 dança de ordenação ou de sua natureza que ele tornou-se sólido em lugar de líquido; tampouco nele estão contidas partes duras e espessas indivisíveis em sua massa; ele é, todavia, ora líquido, ora igualmente duro e espesso em todas as suas partes. Que se acrescente que nesse entendimento a existência do crescimento e da diminuição é inadmissível; com efeito, se houver uma *adição*[269],

---

265. ...τὸν μὲν γὰρ ἀέρα τὸ πῦρ, ὁ δ' ἀὴρ τὸ σῶμα θερμαίνει, πεφυκὼς ποιεῖν καὶ πάσχειν. ... (*tòn mèn gár aéra tò pŷr, ho d' aèr tò sôma thermaínei, pephykòs poieîn kaì páskhein.*).

266. ...τὸ δὲ τῇ μὲν οἴεσθαι πάσχειν **τῇ δὲ μή**, διορίσαντας ἐν ἀρχῇ τοῦτο λεκτέον. ... (*tò dè têi mèn oíesthai páskhein têi dè mé, diorísantas en arkhêi toŷto lektéon.*). Joachim acusa uma lacuna no texto logo após ...τῇ δὲ μή... (*têi dè mé*).

267. ...διῃρῆσθαι μὲν ἅπτεσθαι δέ, ἢ διαιρετὸν εἶναι... (*dieirêsthai mèn háptesthai dé, è diairetòn eînai*).

268. ...τροπῇ καὶ διαθιγῇ, καθάπερ λέγει Δημόκριτος... (*tropêi kaì diathigêi, katháper légei Demókritos*).

269. ...πρόσθεσις, ... (*prósthesis,*), uma adição pressupondo uma sobreposição.

e não uma mudança no todo, quer pela mescla de alguma coisa,
25 quer pela transformação do próprio corpo, não ocorrerá aumento de tamanho de nenhuma parte dele.

Eis aí, portanto, como concebemos o gerar, o agir, o vir a ser e o sofrer ação recíproca, e como é possível que tudo isso se opere; indicamos adicionalmente as concepções, conforme expressas por alguns, que esbarram no impossível.

10

30 UTILIZANDO IDÊNTICO MÉTODO investigativo, resta examinar a *mescla*[270]; trata-se, com efeito, do terceiro item que inicialmente propomos. Impõe-se examinar o que é a mescla, o que é *o passível de mescla*[271], a que seres a mescla é inerente e como; ademais, se afinal existe mescla ou se isso não passa de uma ficção. Ora, segundo declaram alguns, a mescla de coisas distintas é impossível,
35 uma vez que se a existência dos ingredientes persiste, não sendo
327b1 eles de modo algum alterados, tudo o que se pode dizer é que se encontram num estado semelhante, mas não que estão mesclados, na verdade não mais do que estavam anteriormente; por outro lado, na ocorrência da destruição de um dos ingredientes, não podem ter sido eles mesclados, existindo um deles, mas não o outro; ora, a composição da mescla é a de ingredientes que per-
5 maneceram o que eram antes; do mesmo modo, não existe mescla até no caso de ambos os ingredientes terem se juntado, porém cada um deles destruído, pois coisas que de modo algum existem não podem ser mescladas.

Conclui-se que a explicação anterior parece buscar definir em que diferem mescla, geração (vir a ser) e corrupção (cessar de ser) e o passível de mescla, o passível de ser gerado (vir a ser) e o passível de ser corrompido (cessar de ser), porquanto a mescla,
10 evidentemente, se existente, deve diferir dos demais, sendo algo

---

270. ...μίξεως... (*míxeos*), combinação, incorporando o conceito congênere de associação.
271. ...τὸ μικτόν, ... (*tò miktón,*).

diverso. A solução dessas dificuldades, portanto, surgirá com o esclarecimento desses pontos.

Agora, não dizemos nem que *a madeira*²⁷² mesclou-se ao fogo nem que, no seu processo de queima, se mescla quer com suas próprias partes, quer com o fogo, mas sim que o fogo vem a ser, ao passo que ela cessa de ser. Não dizemos, igualmente, que ocorre uma mescla do alimento com o corpo ou da figura com a cera, resultando na configuração da massa; *tampouco que o corpo se mescla ao branco, nem que possam, em geral, as propriedades passivas e os estados mesclarem-se às coisas;*²⁷³ *com efeito, vemos que se conservam.*²⁷⁴ Tampouco é possível que o branco e o conhecimento se mesclem, nem outra coisa que não seja dissociável.²⁷⁵ Nisso consiste a incorreção daqueles que sustentam que todas as coisas outrora estavam juntas e mescladas; com efeito, nem tudo é passível de mescla em tudo, embora cada um dos ingredientes mesclados necessite de uma existência independente; mas entre as propriedades passivas, nenhuma existe separadamente. O fato, entretanto, de alguns seres possuírem uma existência em potência, ao passo que outros a possuem em ato, determina a possibilidade de as coisas passíveis de mescla num sentido *serem*²⁷⁶, porém *não serem*²⁷⁷ num outro, do que decorre o composto por elas produzido ser em ato algo distinto, enquanto em potência cada ingrediente continuando a ser em potência o que era antes da mescla e não submetido à destruição; isso foi, efetivamente, o embaraço com o nosso argumento anterior, mostrando-se, por outro lado, que é após terem sido dissociados que os ingredientes de uma mescla associam-se pela primeira

---

272. ...τὴν ὕλην... (*tèn hýlen*).
273. ...οὐδὲ τὸ σῶμα καὶ τὸ λευκὸν οὐδ' ὅλως τὰ πάθη καὶ τὰς ἕξεις οἷόν τε μίγνυσθαι τοῖς πράγμασιν... (*oydè tò sôma kaì tò leykòn oyd' hólos tá páthe kaì tàs héxeis hoîón te mígnysthai toîs prágmasin*).
274. ...σωζόμενα γὰρ ὁρᾶται.... (*sozómena gàr horâtai.*).
275. Quer dizer, tanto o branco (a brancura) quanto o conhecimento não têm existência independente, ou, em linguagem filosófica moderna, são *abstratos* e não *concretos*.
276. ...εἶναί... (*eínaí*).
277. ...μὴ εἶναι, ... (*mè eînai,*).

vez, podendo novamente ser dissociados. Não há, de sua parte, persistência em ato como corpo e brancura, nem, uma vez que sua própria potência é preservada, cessam de ser – ou um ou outro ou ambos. Por conta disso, coloquemos de lado essas questões; todavia, impõe-se aqui a discussão de uma *dificuldade*[278] que está estreitamente associada a essas questões, a saber, se *a mescla é algo relativo à percepção sensorial.*[279]

Terá resultado realmente uma mescla quando os ingredientes desta foram divididos e reduzidos a um tipo de partículas que, uma vez dispostas lateralmente entre si, impedem que cada uma se mostre à percepção sensorial? Ou não é este o caso, sendo a mescla tal que os ingredientes têm suas partículas particulares lado a lado facultando a percepção sensorial? Decerto o uso da palavra é na primeira acepção, a exemplificarmos: consideramos consumada a mescla da cevada com o trigo quando cada grão do primeiro desses cereais é justaposto a cada grão do segundo. Se, porém, todo corpo é divisível, conclui-se – a julgar que a combinação de corpos constitui-se graças a partes semelhantes – que é necessário que cada parte de cada ingrediente esteja justaposta à parte do outro ingrediente. Diante, entretanto, da impossibilidade da divisão de um corpo nas suas mais ínfimas partículas, e a considerar que composição e mescla não são idênticas, *mas distintas*[280], topamos com a evidência de que não estamos autorizados a dizer que há mescla dos ingredientes no caso de sua preservação em pequenas partículas (uma vez que isso será composição e não *mistura*[281] nem mescla, *nem terá a parte a mesma proporção [entre seus componentes] que o todo*[282]. Estamos, porém, autorizados a dizer que, se ocorrida a mescla, impõe-se ser o mesclado inteiramente uniforme, e como toda parte da água é água, no tocante ao misturado deve valer o mesmo com suas partes.

---

278. ...ἀπόρημα... (*apórema*).

279. ...ἡ μίξις πρὸς τὴν αἴσθησιν τί ἐστιν.... (*he míxis pròs tèn aísthesin tí estin.*).

280. ...ἀλλ' ἕτερον,... (*all' héteron,*).

281. ...κρᾶσις... (*krâsis*).

282. ...οὐδ' ἕξει τὸν αὐτὸν λόγον τῷ ὅλῳ τὸ μόριον. ... (*oyd' héxei tòn aytòn lógon tôi hóloi tò mórion.*).

Não é absolutamente o que ocorrerá se a mescla for uma composição de pequenas partículas, caso em que a mescla dos ingredientes ocorrerá somente de acordo com a percepção sensorial; e, nesse caso, se falta a alguém a visão aguda, a mesma coisa que para ele
15 está mesclada, não está *para Linceu*[283]); ressalta evidente também a inconveniência de afirmarmos que a mescla das coisas ocorre mediante uma divisão que faz que toda parte de um ingrediente justaponha-se à parte do outro ingrediente; esse tipo de divisão, com efeito, é impossível entre eles. Ou, portanto, não existe mescla, ou é necessário explicar de que maneira é possível que aconteça.

Ora, como afirmamos, entre os seres alguns são ativos, enquanto outros, passivos, sofrem a ação daqueles.[284] Assim, há algumas coisas,
20 a saber, aquelas cuja matéria é idêntica, que se alternam, quer dizer, são entre si ativas e passivas; outras, que não possuem a mesma matéria, exercem ação, mas não são suscetíveis de sofrê-la. Para estas não existe mescla; *daí não serem produtoras de saúde nem a medicina nem a saúde mescladas aos corpos.*[285] As coisas ativas e passivas *fáceis de dividir*[286], quando da associação de muitas de uma delas a poucas
25 de uma outra, ou de um grande volume a um pequeno, não produzem mescla, mas o aumento do ingrediente que predomina; com efeito, um dos ingredientes transforma-se no ingrediente predominante, *como uma gota de vinho não se mescla a dez mil medidas de água,*[287] uma vez que sua forma passa por uma dissolução e transforma-se no volume total da água. Quando, porém, entre *os poderes*[288]

---

283. ...τῷ Λυγκεῖ... (*tôi Lygkeî*). Mitologia: integrante da tripulação do Argos chefiada por Jasão e dotado de uma visão extraordinária.

284. ...Ἔστι δή, ὡς ἔφαμεν, τῶν ὄντων τὰ μὲν ποιητικά, τὰ δ' ὑπὸ τούτων παθητικά. ... (*Ésti dé, hos éphamen, tôn ónton tà mèn poietiká, tà d' hypò toýton pathetiká*.).

285. ...διὸ οὐδ' ἡ ἰατρικὴ ποιεῖ ὑγίειαν οὐδ' ἡ ὑγίεια μιγνυμένη τοῖς σώμασιν. ... (*diò oyd' he iatrikè poieî hygíeian oyd' he hygíeia mignyméne toîs sómasin.*).

286. ...εὐδιαίρετα, ... (*eydiaíreta,*).

287. ...οἷον σταλαγμὸς οἴνου μυρίοις χοεῦσιν ὕδατος οὐ μίγνυται... (*hoîon stalagmòs oínoy myríois khoeŷsin hýdatos oy mígnytai*). O χόος (*khóos*) era uma medida específica para líquidos correspondente a cerca de 3¼ litros.

288. ...ταῖς δυνάμεσιν... (*taîs dynámesin*), ou seja, as capacidades dos ingredientes, como o vinho e a água.

está presente algum tipo de equilíbrio, o resultado é que cada um dos ingredientes *transforma-se*[289] no predominante a partir de sua própria natureza, *mas não se torna o outro,*[290] porém algo intermediário e comum.

Como são capazes de sofrer mútua ação, fica, assim, evidente que esses agentes são suscetíveis de uma mescla que exibe contrariedade. E quanto mais partículas pequenas de um ingrediente se justapuserem a partículas pequenas do outro, mais haverá mescla, visto que nesse caso a mútua transformação é por eles causada com maior facilidade e rapidez. Em contrapartida, grandes quantidades que atuam entre si levam *muito tempo*[291] para que isso se produza. Eis a razão porque são mescláveis as coisas divisíveis e passivas que permitem fácil limitação (com efeito, dividem-se em pequenas partículas facilmente, uma vez ser nisso que consiste *o ser de fácil limitação*[292]); exemplificamos com os líquidos, que são entre os corpos os mais mescláveis, pois o líquido, entre as coisas divisíveis, é aquela de mais fácil limitação, desde que não se trate de líquido viscoso, o qual apenas torna o volume mais numeroso e maior. Quando, contudo, acontece de a passividade ser de apenas um dos ingredientes, ou ser ele extremamente passivo, ao passo que o outro o é apenas muito ligeiramente, a mescla que decorre de ambos mantém igual volume ou o aumenta minimamente, sendo isso o que sucede *no que diz respeito ao estanho e ao cobre*[293]. Com efeito, certos seres reagem de maneira hesitante e ambígua entre si,[294] pois revelam-se de

---

289. ...μεταβάλλει... (*metabállei*).
290. ...οὐ γίνεται δὲ θάτερον, ... (*oy gínetai dè tháteron,*).
291. ...πολλοῦ χρονίως... (*polloŷ khroníos*).
292. ...τὸ εὐορίστῳ εἶναι, ... (*tò eyorístoi eînai,*).
293. ...περὶ τὸν καττίτερον καὶ τὸν χαλκόν. ... (*perì tòn kattíteron kaì tòn khalkón.*). Forma ortográfica alternativa: κασσίτερος (*kassíteros*), nominativo singular; κασσιτέρου (*kassíteroy*), genitivo singular, substantivo masculino da segunda declinação. A primeira forma, aqui utilizada por Aristóteles, é precisamente a própria do dialeto ático. Χαλκός (*khalkós*) também significa *bronze*, mas preferimos traduzi-lo por cobre precisamente porque o bronze resulta da mescla do estanho com o cobre.
294. ...ἔνια γὰρ ψελλίζεται πρὸς ἄλληλα τῶν ὄντων καὶ ἐπαμφοτερίζει... (*énia gàr psellízetai pròs állela tôn ónton kaì epamphoterízei*). Nossa opção pelo verbo *reagir* (sugerindo o conceito de reação química) é um tanto ousada. Uma tradução mais próxima da litera-

algum modo ligeiramente mescláveis, um deles mostrando-se *receptivo*[295], ao passo que o outro atua como uma *forma*[296]. É isso o que sucede a esses metais, uma vez que o estanho chega a quase ser eliminado, como se não passasse de uma propriedade passiva do cobre destituída de matéria própria, limitando-se a transmitir sua cor a ele. Coisa idêntica a isso acontece também em outros casos.

15 Com base no que dissemos ficou esclarecido que existe mescla, o que ela é, porque existe e quais seres são mescláveis, a considerarmos que existem alguns suscetíveis de sofrer mútua ação, *e facilmente limitáveis e facilmente divisíveis;*[297] com efeito, nenhuma das conclusões a seguir procede necessariamente, a saber, que por terem sido mesclados são corrompidos (cessam de ser), que pura e simplesmente permanecem sendo os mesmos, que a mescla deles próprios é composição, ou que é apenas relativa à percepção senso-
20 rial; mas, sim, que é mesclável tudo aquilo que, uma vez de fácil limitação, é suscetível de sofrer ação ou de exercê-la e também suscetível de mesclar-se com algo do seu mesmo gênero (*pois o mesclável guarda relação com o mesclável*)[298], enquanto a mescla é a *união*[299] dos mescláveis que sofreram alteração.

---

lidade seria: ...*Com efeito, alguns seres (coisas que são) são hesitantes e são ambíguos entre si,* ... . Nesse caso, a excluir uma possível linguagem metafórica de Aristóteles, seu discurso parece mais referir-se a seres vivos e, sobretudo, a seres humanos, do que a seres em geral. É curioso notar, entretanto, que ele efetiva e manifestamente refere-se a metais.

295. ...δεκτικὸν... (*dektikòn*).
296. ...εἶδος. ... (*eîdos*.).
297. ...καὶ εὑόριστα καὶ εὐδιαίρετα... (*kaì eyórista kaì eydiaíreta*).
298. ...πρὸς ὁμώνυμον γὰρ τὸ μικτόν... (*pròs homónymon gàr tò miktón*), próximo à literalidade: ...*pois o mesclável é relativo ao que tem o mesmo nome*... .
299. ...ἕνωσις. ... (*hénosis.*).

LIVRO II

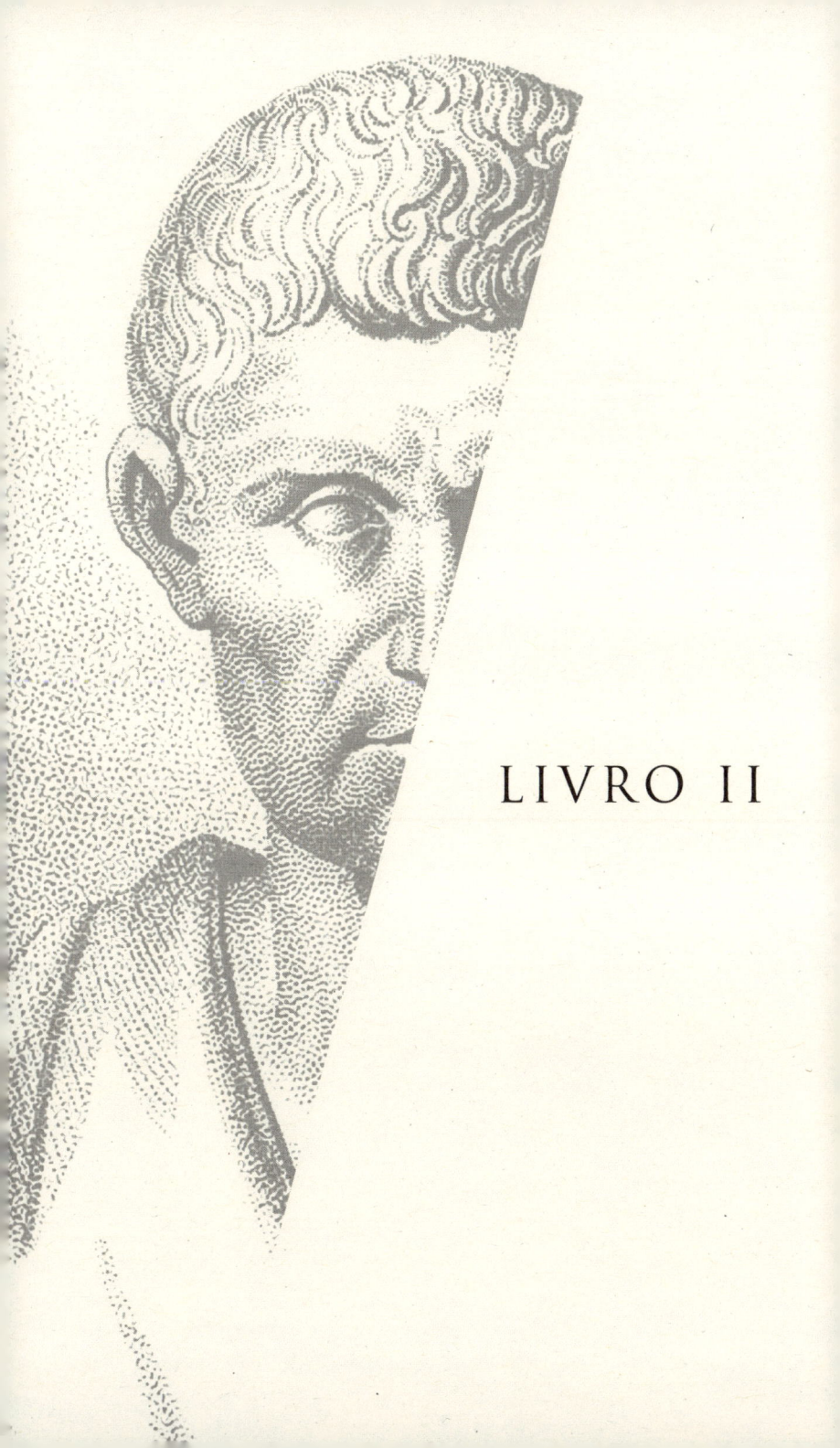

1

25 ABORDAMOS, ASSIM, A MESCLA, o contato, bem como a ação e a paixão do prisma de como são atribuídos às coisas que sofrem mudança segundo a natureza; explicamos, ademais, como existe o vir a ser (geração) e o cessar de ser (corrupção) puros e simples, com o
30 que têm a ver e a causa de se produzirem. Abordamos igualmente a alteração e explicamos no que apresenta diferença em relação àqueles.[300] *Resta o exame dos chamados elementos dos corpos.*[301]

Com efeito, não há vir a ser (geração) e cessar de ser (corrupção) em todas as substâncias naturalmente constituídas sem existirem corpos sensorialmente perceptíveis; há quem sustente a existência de uma matéria una que serve de fundamento a esses corpos,
35 supondo ser, por exemplo, o ar ou o fogo, ou algo intermediário
329a1 entre eles, embora um corpo uno e independente; outros, por sua vez, defendem a existência de mais de uma matéria numericamente una, apontando para o fogo e a terra; outros juntam, na qualidade de terceira matéria, o ar, ao passo que outros ainda acrescentam a água como quarta, como o faz Empédocles; dizem que o vir a ser (geração) e o cessar de ser (corrupção) das coisas acontecem a par-
5 tir da associação e da dissociação, ou da alteração, dessas matérias.

É o caso de convirmos, portanto, que é correto designar como *princípios e elementos*[302] as matérias primárias que, se transformando por associação, dissociação ou outro processo de mudança, ensejam a ocorrência do vir a ser (geração) e do cessar de ser (corrupção).

---

300. Ou seja, em relação ao vir a ser (geração) e ao cessar de ser (corrupção).
301. ...λοιπὸν δὲ θεωρῆσαι περὶ τὰ καλούμενα στοιχεῖα τῶν σωμάτων. ... (*loipòn dè theorêsai perì tà kaloýmena stoikheîa tôn somáton.*).
302. ...ἀρχὰς καὶ στοιχεῖα... (*arkhàs kaì stoikheîa*).

Incorrem, porém, em erro os que sustentam a existência de uma matéria una à parte das citadas, e que esta é corpórea e dissociável; é, com efeito, impossível a existência desse corpo sem uma contrariedade perceptível; de fato, impõe-se necessariamente que esse *infinito*[303], que alguns dizem ser o princípio, seja leve ou pesado, frio ou quente. O que está escrito no *Timeu* não apresenta nenhuma precisão, uma vez que ele[304] não exprimiu com clareza se *o receptáculo de tudo*[305] existe independentemente dos elementos. Tampouco faz qualquer uso dele, tudo o que afirma sendo que é um substrato anterior aos denominados elementos, *como o ouro o é dos produtos do ouro.*[306] (Entretanto, assim expresso não se trata de uma afirmação correta, mas tão só aplicável às coisas passíveis de alteração, ainda que seja impossível nomear coisas que vêm a ser e que cessam de ser a partir daquilo que constituiu o fundamento de sua geração. Diz ele, contudo, que o *maximamente verdadeiro*[307] é dizer que cada um [dos produtos] é de ouro.) Faz remontar, todavia, a análise dos elementos, que são sólidos, aos *planos*[308], mas é impossível serem *a nutriz*[309] e a matéria primária planos. O que dizemos é que existe uma certa matéria constituinte dos corpos sensorialmente perceptíveis, matéria essa não dissociável e sempre associada à contrariedade, daqui emergindo o vir a ser dos chamados elementos. Discorremos sobre isso com mais precisão em outro tratado.[310] Mas considerando que é do mesmo modo que os corpos primários procedem da matéria, faz-se necessário esclarecermos também no tocante a eles, tendo como princípio e como primária a matéria que, embora não dissociada dos contrários, lhes *serve de*

---

303. ...ἄπειρον... (*ápeiron*).
304. Platão.
305. ...τὸ πανδεχές, ... (*tò pandekhés,*).
306. ...οἷον χρυσὸν τοῖς ἔργοις τοῖς χρυσοῖς. ... (*hoîon khrysòn toîs érgois toîs khrysoîs.*), ou, menos próximo da literalidade: ...*a exemplo do ouro, que o é dos trabalhos em ouro.*
307. ...μακρῷ ἀληθέστατον... (*makrôi alethéstaton*): ...o mais largamente verdadeiro... .
308. ...ἐπιπέδων... (*epipédon*), o mesmo que *superfícies.*
309. ...τὴν τιθήνην... (*tèn tithénen*).
310. Ou seja, na *Física*.

fundamento;³¹¹ *com efeito, nem o quente é matéria para o frio, nem este para o quente, mas o substrato o é para ambos.*³¹² Portanto, são princípios em primeiro lugar o corpo sensorialmente perceptível em potência, em segundo lugar *as contrariedades*³¹³ – quero dizer,
35 por exemplo, o calor e o frio –, em terceiro lugar, o fogo e a água *e*
329b1 *os similares*³¹⁴; estes, com efeito, transformam-se entre si e não são como dizem que são Empédocles e outros (pois se fossem como dizem não existiria alteração), ao passo que não ocorre transformação entre as contrariedades. Não somos, porém, dispensados de tratar da questão relativa à identificação dos princípios que dão origem ao corpo e a sua quantidade; com efeito, todos os outros [pensa-
5 dores] os supõem e deles servem-se, mas não declaram a razão de serem o que são e numa determinada quantidade.

2

UMA VEZ, PORTANTO, que buscamos princípios que dão origem ao *corpo sensorialmente perceptível, isto é, que é tangível,*³¹⁵ *tangível sendo aquilo cuja percepção sensorial é mediante o contato,*³¹⁶ evidencia-se que nem todas as contrariedades criam formas e princípios do
10 corpo, mas apenas as vinculadas ao tato; sua diferença, com efeito, é do prisma da contrariedade, isto é, contrariedade tangível. Conclui-se que o que produz um elemento não é nem a brancura e a negrura, nem a doçura e o amargor, e nem quaisquer das demais contrariedades sensorialmente perceptíveis. *Todavia, a visão é*

---

311. ...ὑποκειμένην... (*hypokeiménen*).
312. ...οὔτε γὰρ τὸ θερμὸν ὕλη τῷ ψυχρῷ οὔτε τοῦτο τῷ θερμῷ, ἀλλὰ τὸ ὑποκείμενον ἀμφοῖν. ... (*oýte gàr tò thermòn hýle tôi psykhrôi oýte toýto tôi thermôi, allà tò hypokeímenon amphoîn.*). O substrato é aquilo que serve de fundamento ou base.
313. ...αἱ ἐναντιώσεις,... (*hai enantióseis*).
314. ...καὶ τὰ τοιαῦτα... (*kaì tà toiaŷta*), isto é, o ar e a terra.
315. ...Ἐπεὶ οὖν ζητοῦμεν αἰσθητοῦ σώματος ἀρχάς, τοῦτο δ' ἐστὶν ἁπτοῦ,... (*Epeì oŷn zetoŷmen aisthetoý sómatos arkhás, toŷto d' estìn haptoý,*).
316. ...ἁπτὸν δ' οὗ ἡ αἴσθησις ἁφή,... (*haptòn d' hoŷ he aísthesis haphé,*), ou: ...*tangível sendo aquilo cujo sentido é o tato,* ... .

anterior ao tato, daí ser também anterior o seu substrato.[317] Não é, porém, uma propriedade passiva de um corpo tangível por ser este tangível, mas segundo algo diverso, mesmo acontecendo de ser naturalmente anterior.

Com respeito às próprias diferenças e contrariedades tangíveis, devemos principiar por distinguir quais são primárias. As que se seguem são contrariedades segundo o tato, a saber, *quente/frio, seco/úmido, pesado/leve, duro/mole, viscoso/friável, áspero/liso, grosso/fino*[318]. Destes contrários, pesado e leve não são nem ativos nem passivos, visto não serem nomeados por exercerem ação sobre outro ou sofrer ação de outro. Quanto aos elementos, porém, impõe-se serem mutuamente ativos e passivos, pois mesclam-se e transformam-se entre si. Por outro lado, quente e frio, e úmido e seco são nomeados por serem respectivamente ativos e passivos; com efeito, a ação do quente é associar *as coisas de mesmo gênero*[319] (pois *dissociar*[320], o que, segundo dizem, é o que faz o fogo, é *associar as coisas de mesma família,*[321] uma vez que o que decorre dessa ação é suprimir *as coisas estranhas*[322]), enquanto a ação do frio é igualmente unir e associar quer coisas de mesmo gênero, quer coisas de família diferente; o *úmido*[323] é o não limitado nos seus próprios limites, mas de fácil limitação, ao passo que o seco é o de fácil limitação nos seus próprios limites, mas de difícil limitação. A partir deles[324] são derivados o grosso e o fino, o viscoso e o friável, o duro e o mole e *as outras diferenças*[325]. De fato, considerando que *a qualidade para*

---

317. ...καίτοι πρότερον ὄψις ἁφῆς, ὥστε καὶ τὸ ὑποκείμενον πρότερον. ... (*kaítoi próteron ópsis haphês, hóste kaì tò hypokeímenon próteron.*).

318. ...θερμὸν ψυχρόν, ξηρὸν ὑγρόν, βαρὺ κοῦφον, σκληρὸν μαλακόν, γλίσχρον κραῦρον, τραχὺ λεῖον, παχὺ λεπτόν. ... (*thermòn psykhrón, xeròn hygrón, barỳ koŷphon, skleròn malakón, glískhron kraŷron, trakhỳ leîon, pakhỳ leptón.*).

319. ...τὰ ὁμογενῆ... (*tà homogenê*).

320. ...διακρίνειν, ... (*diakrínein*).

321. ...συγκρίνειν ἐστὶ τὰ ὁμόφυλα.. (*sygkrínein estì tà homóphyla*).

322. ...τὰ ἀλλότρια... (*tà allótria*).

323. ...ὑγρὸν... (*hygròn*), molhado, líquido.

324. Ou seja, do úmido e do seco.

325. ...αἱ ἄλλαι διαφοραὶ... (*hai állai diaphoraí*), isto é, os outros contrários.

35 *encher*³²⁶ é do úmido (líquido), uma vez que este não está preso a
330a1 limites, mas é facilmente limitável, e acompanha a forma do que o
contata, e é próprio do fino o enchimento (com efeito, as partículas
do fino são micro-partículas e o que é feito de micro-partículas é
capaz de encher, pois o todo contata o todo, o que é fino possuindo, sobremaneira, essa propriedade), a derivação do fino a partir do
úmido (líquido) e do grosso a partir do seco revela-se evidente. O
5 viscoso, por seu turno, deriva do úmido (líquido) (o viscoso, com
efeito, é o úmido submetido a um certo processo, *como o azeite*)³²⁷,
derivando, por sua vez, o friável do seco, *posto que friável é o totalmente seco*,³²⁸ de modo que sua solidificação foi devida à falta
de umidade. Do úmido também deriva o mole (é mole, com efeito, o que cede e imerge em si mesmo sem alterar sua posição, que
10 é o que faz o úmido, do que resulta não ser o úmido mole, mas este
derivar do úmido); quanto ao duro, sua derivação é a partir do seco;
com efeito, o solidificado é duro, sendo o solidificado seco. Diz-se
seco e úmido (líquido) em múltiplos sentidos; *com efeito, tanto o
líquido quanto o úmido (molhado) opõem-se ao seco,*³²⁹ *bem como
ao líquido, por sua vez, tanto o seco quanto o solidificado*³³⁰; contudo,
15 a derivação de todas essas qualidades é do seco e do úmido (líquido) que mencionamos inicialmente. A considerar que o seco opõe-se ao úmido (molhado), sendo este aquele que está de posse de
uma *umidade estranha*³³¹ em sua superfície, ao passo que embebido
é o molhado no mais profundo, e o seco o destituído de umidade
estranha, está claro que a derivação do úmido (molhado) será do
20 líquido; quanto ao seco, que se opõe a este último, sua derivação

---

326. ...τὸ ἀναπληστικόν... (*tò anaplestikón*), adjetivo substantivado: *o próprio ao enchimento*.
327. ...οἷον τὸ ἔλαιον... (*hoîon tò élaion*).
328. ...κραῦρον γὰρ τὸ τελέως ξηρόν, ... (*kraŷron gàr tò teléos xerón,*).
329. ...ἀντίκειται γὰρ τῷ ξηρῷ καὶ τὸ ὑγρὸν καὶ τὸ διερόν, ... (*antíkeitai gàr tôi xerôi kaì tò hygròn kaì tò dierón,*). Neste contexto, por conta da multiplicidade de sentidos, Aristóteles distingue líquido (ὑγρός [*hygrós*]) de úmido (molhado) (διερός [*dierós*]).
330. ...καὶ πάλιν τῷ ὑγρῷ καὶ τὸ ξηρὸν καὶ τὸ πεπηγός... (*kaì pálin tôi hygrôi kaì tò xeròn kaì tò pepegós*).
331. ...ἀλλοτρίαν ὑγρότητα... (*allotrían hygróteta*).

será do *seco primário*.³³² Ocorre o mesmo, por sua vez, com o líquido e o solidificado, visto o primeiro encerrar profundamente uma umidade que lhe é própria, sendo o embebido aquele que encerra nesse ponto uma umidade estranha e o solidificado aquele que perdeu a sua. Isso nos leva a concluir que o solidificado deriva do seco, enquanto o embebido deriva do líquido. Evidente, portanto,
25 reduzirem-se todas as demais diferenças às quatro primeiras. Essas são irredutíveis a um número inferior; efetivamente, o quente não é o propriamente úmido (líquido) nem o propriamente seco; nem é o úmido (líquido) o que é propriamente quente ou frio; por sua vez, o frio e o seco não se enquadram entre si, bem como não se enquadram naquilo que é quente e úmido (líquido); *daí serem necessariamente essas diferenças quatro*.³³³

3

30 UMA VEZ SEREM QUATRO *os elementos*,³³⁴ possibilitando estes quatro a formação de seis *pares*³³⁵, a natureza dos contrários, porém, impossibilitando sua distribuição em pares (é impossível, com efeito, que uma mesma coisa seja quente e fria, ou seca e úmida), mostra-se evidente que a quantidade dos pares de qualidades dos elementos será quatro, nomeadamente quente e seco, quente
330b1 e úmido (líquido) e, por outro lado, frio e úmido (líquido) e frio e seco. *Teoricamente*³³⁶ há uma conexão entre esses pares *e os corpos aparentemente simples, fogo, ar, água e terra*³³⁷; o fogo é realmente quente e seco, ao passo que o ar é quente e úmido (a considerar

---

332. ...πρώτου ξηροῦ. ... (*prótoy xeroý*).

333. ...ὥστ' ἀνάγκη τέτταρας εἶναι ταύτας. ... (*hóst' anágke téttaras eînai taýtas.*).

334. ...τὰ στοιχεῖα, ... (*tà stoikheîa,*). Leia-se *as qualidades dos elementos*.

335. ...συζεύξεις, ... (*syzeýxeis,*).

336. ...κατὰ λόγον... (*katà lógon*), ou, mais propriamente, ...*segundo uma disposição racional*... .

337. ...τοῖς ἁπλοῖς φαινομένοις σώμασι, πυρὶ καὶ ἀέρι καὶ ὕδατι καὶ γῇ... (*toîs haploîs phainoménois sómasi, pyrì kaì aéri kaì hýdati kaì gêi*).

que o ar é como um *vapor*[338]); quanto à água, é fria e úmida (líquida), *ao passo que a terra, fria e seca*,[339] do que resulta uma distribuição razoável das diferenças entre os corpos primários, o seu próprio número sendo *conforme o teórico*[340]. Todos, com efeito, que fazem dos corpos simples elementos, concebem-nos como um, ou dois, ou três, ou quatro. A consequência é os que sustentam *apenas um*[341], fazendo em seguida da *condensação e rarefação*[342] as autoras do vir a ser (geração) de todas as demais coisas, acabarem por conceber dois princípios, a saber, o rarefeito e o denso, ou o quente e o frio; são estes *os princípios criadores*[343], *enquanto o uno lhes serve de fundamento como matéria.*[344] Aqueles que concebem dois desde o começo, como Parmênides, o fogo e a terra, produzem *os intermediários*[345], como o ar e a água, a título de mesclas daqueles. Do mesmo modo conduzem-se os que concebem três, como Platão nas *divisões*[346], *pois concebe ser o meio uma mescla*[347]. O discurso é quase idêntico da parte dos que concebem dois elementos e três, com a ressalva de que os primeiros seccionam o meio em dois, enquanto os segundos dele fazem apenas um. Alguns, porém, sustentam que desde o começo são quatro, que é o caso de Empédocles. Esses quatro, entretanto, são também reduzidos por ele a dois, uma vez que estabelece a oposição de todos os demais ao fogo.

---

338. ...ἀτμὶς... (*atmìs*), em termos modernos diríamos que o vapor é ar umidificado.

339. ...ἡ δὲ γῆ ψυχρὸν καὶ ξηρόν,... (*he dè gê psykhròn kaì xerón,*).

340. ...κατὰ λόγον.... (*katà lógon.*), ver nota 336.

341. ...ἓν μόνον... (*hèn mónon*).

342. ...πυκνώσει καὶ μανώσει... (*pyknósei kaì manósei*).

343. ...τὰ δημιουργοῦντα, ... (*tà demioyrgoŷnta*), mais precisamente: ...os princípios *formadores*..., uma vez que não geram (criam) a partir do nada (*ex nihilo*), mas a partir do elemento uno primordial.

344. ...τὸ δ' ἓν ὑπόκειται καθάπερ ὕλη. ... (*tò d' hèn hypókeitai katháper hýle.*).

345. ...τὰ μεταξὺ... (*tà metaxỳ*).

346. ...διαιρέσεσιν... (*diairésesin*). Não sabemos exatamente ao que Aristóteles se refere. Os eruditos da antiguidade em geral pensavam se tratar possivelmente de doutrinas platônicas não publicadas ou mesmo não escritas. Joachim entende ser simplesmente uma alusão ao *Timeu*, 35a e seguintes.

347. ...τὸ γὰρ μέσον μῖγμα ποιεῖ. ... (*tò gàr méson mîgma poieî.*), ou, literalmente: ...*pois faz do meio uma mescla*... .

O fogo, contudo, bem como o ar e cada um dos corpos que foram mencionados não são simples, mas mesclados. Os corpos simples são semelhantes a estes últimos, mas não idênticos a eles; por exemplo, algo semelhante ao fogo é ígneo, não fogo, e algo semelhante ao ar é aéreo. O mesmo vale para os demais casos. *O fogo, porém, é excesso do calor, como o gelo, da frieza*;[348] *com efeito, o congelamento e a ebulição*[349] são excessos respectivamente da frieza e do calor. Por conseguinte, se o gelo é congelamento de úmido (líquido) e frio, conclui-se que o fogo será ebulição de seco e quente. E isso explica por que nada vem a ser a partir nem do gelo nem do fogo.

Sendo quatro os corpos simples, enquadram-se em dois pares pertencentes cada um a cada uma de duas *regiões*[350]; fogo e ar, com efeito, relacionam-se ao voltado para *o limite*[351], ao passo que a terra e a água, ao voltado para *o centro*[352]. Ademais, enquanto o fogo e a terra são elementos extremos *e os mais puros*[353], o maior grau de mescla é o da água e do ar, que são intermediários. E há contrariedade entre os integrantes de cada par; com efeito, a água é o contrário do fogo, a terra, o contrário do ar, pois eles são produzidos a partir de propriedades passivas contrárias. O fato de serem quatro, entretanto, faz que cada um seja [quantitativamente] descrito simplesmente como detentor de uma só propriedade passiva, a terra mais com a propriedade de seca do que com a de fria, a água mais com a de fria do que com a de úmida, o ar mais com a de úmida do que com a de quente e, quanto ao fogo, mais com a de quente do que com a de seco.

---

348. ...τὸ δὲ πῦρ ἐστὶν ὑπερβολὴ θερμότητος, ὥσπερ καὶ κρύσταλλος ψυχρότητος... (*tò dè pŷr estìn hyperbolè thermótetos, hósper kaì krýstallos psykhrótetos*).

349. ...ἡ γὰρ πῆξις καὶ ἡ ζέσις... (*he gàr pêxis kaì he zésis*).

350. ...τόπων... (*tópon*).

351. ...τὸν ὅρον... (*tòn hóron*).

352. ...τὸ μέσον.... (*tò méson.*).

353. ...καὶ εἰλικρινέστατα... (*kaì eilikrinéstata*), ou seja, os maximamente não mesclados, não misturados.

4

Como foi determinado anteriormente[354] que a geração (vir a ser) dos corpos simples acontece *mutuamente*[355], e, ao mesmo tempo, que a percepção sensorial revela que efetivamente eles vêm a ser (pois, se assim não fosse, nenhuma alteração teria ocorrido, a qual, com efeito, tem a ver com as propriedades passivas das coisas tangíveis), convém esclarecermos de que modo ocorre sua mudança mútua, e se é possível que todos venham a ser a partir de todos, ou se essa possibilidade diz respeito a alguns, mas não a outros. Bem, que a natureza de todos determina que se transformem mutuamente é evidente, uma vez que o vir a ser (geração) ocorre para contrários e a partir de contrários; por outro lado, todos os elementos encerram contrariedades na sua relação mútua, o que é causado pelo fato de serem contrárias as suas qualidades distintivas; no tocante a alguns deles, ambas as qualidades são contrárias, por exemplo, no que toca ao fogo e à água (com efeito, esta é líquida e fria, enquanto aquele é seco e quente), ao passo que nos outros apenas uma é, do que são exemplos o ar e a água (com efeito, esta é líquida e fria, enquanto aquele é úmido e quente). Por conseguinte, é visível, *em termos universais*,[356] que todos naturalmente geram-se de todos, e que não é difícil, *do prisma particular*,[357] ver como isso ocorre; todos, efetivamente, originar-se-ão de todos, mas haverá variação devida à rapidez ou à lentidão, e à facilidade ou à dificuldade do processo. Com efeito, naquilo que possui *sinais de reconhecimento*[358] mútuo a mudança acontecerá rapidamente, mas lentamente naquilo que não os possui, *porque uma coisa se transforma com maior facilidade do que muitas*[359], por exemplo, é pela mudança de uma qualidade que surgirá o ar a partir do fogo (pois

---

354. Em *Do Céu*.
355. ...ἐξ ἀλλήλων... (*ex allélon*), quer dizer, uns gerando os outros.
356. ...καθόλου... (*kathóloy*).
357. ...καθ' ἕκαστον... (*kath' hékaston*).
358. ...σύμβολα... (*sýmbola*).
359. ...διὰ τὸ ῥᾷον εἶναι τὸ ἓν ἢ τὰ πολλὰ μεταβάλλειν, ... (*dià tò râion eînai tò hèn è tà pollà metabállein,*).

sendo este quente e seco, enquanto o primeiro é quente e úmido, consequentemente o ar surgirá desde que o úmido prevaleça sobre o seco). Por outro lado, surgirá a água a partir do ar desde que o frio prevaleça sobre o quente (pois sendo o segundo quente e úmido, ao passo que a primeira fria e líquida, o resultado será o surgimento dela desde que o quente passe por uma mudança). É de idêntico modo que a terra surgirá a partir da água e o fogo, a partir da terra, uma vez que ambos os pares possuem sinais de reconhecimento, visto que enquanto a água é líquida e fria, a terra é fria e seca, com o que surgirá a terra, uma vez sobrepujado o líquido. Por outro lado, considerando que o fogo é seco e quente, a terra fria e seca, a partir da terra surgirá o fogo, isto no caso da eliminação (cessar de ser) do frio.

A evidente conclusão é que o vir a ser (geração) dos corpos simples será cíclico,[360] e que essa modalidade de mudança é *fácil*[361] por já preexistirem os sinais de reconhecimento nos elementos que se sucedem. É possível ocorrer a mudança da água a partir do fogo e da terra a partir do ar e, por sua vez, do ar e do fogo a partir da água e da terra, sendo, porém, mais difícil por conta do maior número de estágios da transformação; com efeito, no caso da geração do fogo a partir da água, é imposta a eliminação (cessar de ser) tanto do frio quanto do líquido e, por sua vez, se do ar a partir da terra, aquela do frio e do seco. É igualmente imposta uma transformação de ambas as qualidades no caso da geração de água e de terra a partir de fogo e de ar. Essa geração, portanto, é *mais demorada*[362]; se, contudo, de cada elemento for eliminada uma qualidade, isso facilitará a transformação, mas esta não será recíproca: a partir do fogo e da água surgirá terra e ar, enquanto deste e da terra, fogo e água. Com efeito, existirá ar (pois restam o calor do fogo e a liquidez da água) quando o frio da água e o seco do fogo houverem desaparecido; por outro lado, existirá terra quando o calor do fogo e a liquidez da

---

360. ...Ὥστε φανερὸν ὅτι κύκλῳ τε ἔσται ἡ γένεσις τοῖς ἁπλοῖς σώμασι, ... (*Hóste phaneròn hóti kýklôi te éstai he génesis toîs haploîs sómasi,*).

361. ...ῥᾷστος... (*râistos*).

362. ...χρονιωτέρα... (*khroniotéra*), ou seja, exige mais tempo.

água houverem sido suprimidos, algo que se explica pelo fato de serem remanescentes a secura do primeiro e a frieza da segunda. Será de igual maneira que surgirão o fogo e a água a partir do ar e da terra; quando, com efeito, o calor do ar em conjunção com a secura da terra for suprimido, existirá água (pois são remanescentes a umidade do ar e a frieza da terra); diferentemente, diante da supressão da umidade do ar e da frieza da terra existirá fogo, pois restarão o calor do ar e a secura da terra, que são qualidades constituintes do fogo. Esse vir a ser do fogo coaduna-se com os dados da percepção sensorial; *com efeito, a chama é, sobretudo, fogo, ela é fumaça que arde, enquanto a fumaça é composta de ar e de terra*.[363]

Não é possível, porém, ocorrer nenhuma mudança nos corpos em função da corrupção (cessar de ser) de uma qualidade de algum dos elementos se cada um deles for considerado *sequencialmente*[364], porque serão remanescentes em ambos *ou* qualidades idênticas *ou* contrárias, a partir das quais não é possível que um corpo venha a ser, por exemplo, no caso da cessação de ser da secura do fogo e da umidade do ar, *uma vez que o calor permanece em ambos*[365]; entretanto, se o calor for suprimido de cada um deles, permanecerão os contrários, secura e umidade. O mesmo vale também para os outros, uma vez que uma qualidade idêntica e uma contrária existem em todos os elementos que se sucedem. Mostra-se, portanto, ao mesmo tempo evidente que a geração (vir a ser) de alguns elementos ocorre pela transformação *de um em um*[366] por conta da cessação de uma qualidade, enquanto a de outros ocorre pela transformação *de dois em um*[367] por conta da cessação de mais de uma qualidade. Com isso estabelecemos que todos os elementos vêm a ser a partir de todos, e esclarecemos de que maneira é produzida sua mútua transformação.

---

363. ...μάλιστα μὲν γὰρ πῦρ ἡ φλόξ, αὕτη δ' ἐστὶ καπνὸς καιόμενος, ὁ δὲ καπνὸς ἐξ ἀέρος καὶ γῆς. ... (*málista mèn gàr pŷr he phlóx, haýte d' estì kapnòs kaiómenos, ho dè kapnòs ex aéros kaì gês.*).

364. ...ἐφεξῆς... (*ephexês*).

365. ...λείπεται γὰρ ἐν ἀμφοῖν τὸ θερμόν... (*leípetai gàr en amphoîn tò thermón*).

366. ...ἐξ ἑνὸς εἰς ἕν... (*ex henòs eis hèn*).

367. ...ἐκ δυοῖν εἰς ἕν... (*ek dyoîn eis hèn*). Joachim inicia o capítulo 5 em 332a1.

5

Cabe-nos, entretanto, dar sequência à nossa investigação e discutir o que se segue. Se, com efeito, como pensam alguns, *água, ar e os similares*[368] constituem a matéria para os corpos naturais, é imperioso serem eles ou um, ou dois ou mais. Pelo fato de a transformação ser nos contrários, não é possível que todos sejam um, exemplificando: não podem ser todos [isoladamente] ar, ou água, ou fogo, ou terra. Com efeito, a consequência de serem todos ar e de este permanecer existindo será a ocorrência da alteração e a não ocorrência da geração (vir a ser). Acrescenta-se que ninguém pensa ser a água simultaneamente também ar ou outro elemento. Haverá, então, uma certa *contrariedade ou diferença*[369] e um membro pertencente a algum outro elemento, por exemplo o calor ao fogo. Com isso, entretanto, decerto o fogo não será ar quente, uma vez ser isso alteração e não ocorrer manifestação nesse sentido. Que se acresça, por outro lado, que, se a partir do fogo se produzir ar, isso será o resultado da transformação do quente no seu contrário. *Este, portanto, será inerente ao ar, e o ar será algo frio.*[370] Daí a impossibilidade de o fogo ser ar quente, o que determinaria, com efeito, que a mesma coisa seria concomitantemente quente e fria. *Consequentemente, ambos*[371] *serão alguma coisa mais que é a mesma, e há certa outra matéria que lhes é comum.*[372]

O mesmo argumento diz respeito a todos os elementos, porquanto não existe um único do qual provêm todos. Tampouco existe, além deles, algo mais de que provenham, por exemplo um intermediário entre ar e água ou entre ar e fogo, mais denso do que o ar e do que o fogo, e mais sutil do que a água e do que o ar; nesse

---

368. ...ὕδωρ καὶ ἀὴρ καὶ τὰ τοιαῦτα, ... (*hýdor kaì aèr kaì tà toiaŷta,*), ou seja, os outros dois elementos, isto é, o fogo e a terra.

369. ...ἐναντίωσις καὶ διαφορὰ... (*enantíosis kaì diaphorà*).

370. ... ὑπάρξει ἄρα τῷ ἀέρι τοῦτο, καὶ ἔσται ὁ ἀὴρ ψυχρόν τι. ... (*hypárxei ára tôi aéri toŷto, kaì éstai ho aèr psykhrón ti.*).

371. ...ἀμφότερα... (*amphótera*), ou seja, o fogo e o ar.

372. ... ἄλλο τι ἄρ' ἀμφότερα τὸ αὐτὸ ἔσται, καὶ ἄλλη τις ὕλη κοινή. ... (*állo ti ár' amphótera tò aytò éstai, kaì álle tis hýle koiné.*).

caso, o intermediário, com efeito, será ar e fogo acompanhados de um par de contrários; um dos contrários, entretanto, é uma *privação*[373], o que impossibilita a existência isolada do intermediário, como sustentam alguns a existência *do infinito e do circundante*[374]; ele é, assim, indiscriminadamente um daqueles elementos ou nada.

Se, então, de perceptível nada há anterior a esses,[375] são eles todos os que existem. A conclusão, então, que se impõe é que *ou* permanecem perpetuamente e são *mutuamente imutáveis*[376], *ou* se transformam, ou a totalidade deles ou alguns, *como escreveu Platão no Timeu*[377]. Anteriormente foi demonstrado que sua transformação mútua impõe-se como necessária; foi estabelecido, ademais, que sua geração (vir a ser) um a partir do outro não ocorre com igual rapidez, uma vez que a geração mútua entre aqueles que contam com um sinal de reconhecimento acontece mais celeremente, ao passo que entre aqueles que não contam com ele, a geração (vir a ser) acontece mais lentamente. Os elementos são necessariamente dois se, nesse caso, a contrariedade que determina sua transformação é una; com efeito, a matéria, a qual é imperceptível e indissociável, é *o intermediário*[378]. Sendo visível, porém, que os elementos são mais de dois, teremos, no mínimo, duas contrariedades. Mas, sendo estas duas, não é possível que os elementos sejam três, mas quatro, como, a propósito, é o que se revela; é esse efetivamente o número dos pares, pois mesmo diante da possibilidade de seis, neste caso dois deles não poderiam vir a ser por serem mutuamente contrários.

A respeito dessas coisas falamos anteriormente. Entretanto, as considerações na sequência deixarão claro que, quando da transformação mútua dos elementos, qualquer deles está impos-

---

373. ...στέρησις... (*stéresis*).
374. ...τὸ ἄπειρον καὶ τὸ περιέχον. ... (*tò ápeiron kaì tò periékhon.*).
375. Ou seja, os quatro elementos: fogo, ar, água e terra.
376. ...ἀμετάβλητα εἰς ἄλληλα, ... (*ametábleta eis állela,*).
377. ...ὥσπερ ἐν τῷ Τιμαίῳ Πλάτων ἔγραψεν. ... (*hósper en tôi Timaíoi Plátōn égrapsen.*). Ver *Timeu*, 53d-54b-d.
378. ...τὸ μέσον.. (*tò méson*).

sibilitado de ser um princípio, não importa se situado no extremo ou no centro da série. Na medida, portanto, em que todos serão fogo e terra, não existirá princípio nos extremos; *e este ra-*
10 *ciocínio equivale a dizer que todas as coisas são de fogo ou terra*[379]; essas considerações patenteiam que tampouco é possível que o princípio esteja no centro, em consonância com o que pensam alguns, ou seja, que o ar transforma-se tanto em fogo quanto em água e esta, por sua vez, tanto em ar quanto em terra, *enquanto os extremos*[380] não se transformam mutuamente. Faz-se necessária uma parada, não sendo o processo conduzido ao infinito em cada uma das direções em linha reta; a ausência de tal parada determinaria a infinidade das contrariedades pertencentes a
15 um único elemento. Que T represente terra; H, água; A, ar; e F, fogo.[381] Se A se transformar em F e H, haverá uma contrariedade relativa a AF. Que esta seja *brancura e negrura*.[382] Por outro lado, se A se transformar em H, haverá uma outra contrariedade, visto que H não é idêntico a F. Que esta seja *secura e liqui-*
20 *dez*,[383] S para secura e L para liquidez.[384] No caso da permanência do branco, a água será líquida e branca; se não, a água será negra, *pois a transformação é nos contrários*[385]. A conclusão é que a água tem de ser branca ou negra. Que seja a primeira destas. Do mesmo modo, a secura (S) será também inerente a F. Daí, inclu-
25 sive, a possibilidade de o fogo transformar-se na água, porquanto a ele são inerentes qualidades contrárias às da água, pois o fogo principia por ser negro para depois ser seco, ao passo que a água é primeiramente líquida para depois ser branca. Evidenciar-se-á, assim, a possibilidade da transformação mútua de todos os ele-

---

379. ...καὶ ὁ αὐτὸς λόγος τῷ φάναι ἐκ πυρὸς ἢ γῆς εἶναι πάντα... (*kaì ho aytòs lógos tôi phánai ek pyròs è gês eînai pánta*), ou, ...raciocínio que é o mesmo que dizer que todas as coisas são a partir de fogo ou terra... .
380. ...τὰ δ' ἔσχατα... (*tà d' éskhata*), ou melhor, *os elementos extremos*.
381. Em grego, respectivamente, Γ, Υ, Α e Π (Γῆ, Ὕδωρ, Ἀήρ, Πῦρ).
382. ...λευκότης καὶ μελανία. ... (*leykótes kaì melanía.*).
383. ...ξηρότης καὶ ὑγρότης, ... (*xerótes kaì hygrótes,*).
384. Em grego, respectivamente, ξ e Υ (ξηρότης, Ὑγρότης).
385. ...εἰς τἀναντία γὰρ ἡ μεταβολή. ... (*eis tanantía gàr he metabolé.*).

mentos, e que, em tais casos, existirão em T (na terra) também os dois sinais de reconhecimento restantes, o negro e o líquido; estes, de fato, não foram ainda associados.

As considerações que se seguem deixarão claro não ser possível que esse processo atinja o infinito, algo que nos dispúnhamos a demonstrar quando tratávamos desse tópico. Com efeito, se fosse o caso de o fogo, representado por F, por sua vez transformar-se em algo diferente e não se reverter ao que era, digamos ao Y, ao fogo e a Y será inerente uma contrariedade distinta das supracitadas, uma vez que foi suposto que Y não é o mesmo que nenhum dos quatro, a saber, T, H, A e F. Que, então, K pertença a F e Z a Y.[386] Resulta que K será inerente a T, H, A e F, uma vez que se transformam uns nos outros. Mas, com efeito, mesmo se supormos que isso não foi ainda demonstrado, é evidente que se Y, por seu turno, transformar-se em outro elemento, uma outra contrariedade será inerente a Y e também ao fogo (F). Da mesma maneira, sempre no caso de uma adição existirá uma nova contrariedade relativa aos elementos que antecedem na série, *resultando que se eles são infinitos, também são infinitas as contrariedades inerentes ao único [elemento]*[387]. Se for isso, não será possível nem definir qualquer elemento nem este vir a ser, pois se for o caso de um ser o resultado do outro, será obrigatoriamente submetido a essas contrariedades, que serão seguidas, ainda, por outras, de modo a sempre impossibilitar a transformação em alguns elementos; se, por exemplo, forem infinitos os intermediários, o que, no caso dos elementos serem infinitos, se impõe necessariamente; ademais, se as contrariedades forem infinitas, não ocorrerá sequer a transformação no fogo a partir do ar. E todos os elementos convertem-se em um, visto que todas as contrariedades dos elementos acima de F são necessariamente inerentes àquelas abaixo dele, e vice-versa, *de maneira que todos serão um*[388].

---

386. Y, K e Z são elementos hipotéticos.

387. ...ὥστ' εἰ ἄπειρα, καὶ ἐναντιότητες ἄπειροι τῷ ἑνὶ ὑπάρξουσιν. ... (*hóst' ei ápeira, kaì enantiótetes ápeiroi tôi henì hypárxoysin.*).

388. ...ὥστε πάντα ἓν ἔσται. ... (*hóste pánta hèn éstai.*).

6

É CERTAMENTE POSSÍVEL que alguém se espante diante dos que dizem, como Empédocles, que *os elementos dos corpos são mais de um*[389], com o que não se transformam mutuamente, e lhes indague de que maneira é possível declararem que os elementos são *comparáveis*[390]. Entretanto, ele realmente diz: "pois estes são todos iguais".[391] Se o que se quer dizer com isso é que eles assim o são do ponto de vista da *quantidade*[392], em *todos os comparáveis*[393] existirá necessariamente algo idêntico que lhes serve de medida, por exemplo se um *cótilo*[394] de água equivalesse a dez de ar, situação em que ambos encerrariam algo idêntico, porquanto medidos pelo mesmo padrão. Entretanto, se não é do ponto de vista da quantidade que são comparáveis, isto é, não se forma a quantidade de um com base na quantidade do outro, mas sim do ponto de vista da capacidade, exemplificando se um cótilo de água tem a mesma capacidade de resfriamento que dez de ar, ainda assim são comparáveis do ponto de vista da quantidade, não como quantidade, mas como uma certa capacidade. Haveria também a possibilidade de comparar as capacidades não mediante o padrão quantitativo, mas por uma analogia, *exemplo: isto é quente como aquilo é branco.*[395] *Enquanto, porém, o **como aquilo** significa o semelhante na qualidade, significa o igual na quantidade.*[396] Certamente revela-se absurdo os corpos, sendo imutáveis, não se limitarem a ser comparáveis por analogia, mas serem avaliados como tais por suas capacidades, quer dizer, pelo fato de que são comparáveis uma determinada quantidade de fogo

---

389. ...πλείω ἑνὸς τὰ στοιχεῖα τῶν σωμάτων... (*pleío henòs tà stoikheîa tôn somáton*).

390. ...συμβλητά... (*symbletà*).

391. ...ταῦτα γὰρ ἶσά τε πάντα. ... (*taŷta gàr îsá te pánta.*).

392. ...ποσόν, ... (*posón,*).

393. ...ἅπασι τοῖς συμβλητοῖς... (*hápasi toîs symbletoîs*).

394. ...κοτύλης... (*kotýles*). O cótilo era fundamentalmente uma medida para líquidos correspondente a cerca de ¼ de litro.

395. ...οἶον ὡς τόδε λευκὸν τόδε θερμόν. ... (*hoîon hos tóde leykòn tóde thermón.*).

396. ...τὸ δ' **ὡς τόδε** σημαίνει ἐν μὲν ποιῷ τὸ ὅμοιον, ἐν δὲ ποσῷ τὸ ἴσον. ... (*tò d' **hos tóde** semaínei en mèn poiôi tò hómoion, en dè posôi tò íson.*).

e dez vezes esta de ar, porque são *igualmente*[397] ou *semelhantemente*[398] quentes; com efeito, uma mesma coisa, se quantitativamente maior, terá um aumento correspondente de sua definição se pertencer ao gênero idêntico.

35
333b1 Que se some a isso que o único crescimento possível segundo Empédocles é aquele por *adição*[399]; efetivamente, o fogo faz crescer o fogo; "a terra aumenta seu próprio talhe, e o éter aumenta o éter".[400] Estas são adições; e não é desse modo que se pensa em geral que as coisas que crescem o fazem. E é muito mais difícil explicar a geração (vir a ser) segundo um processo natural. Realmente, as coisas que
5 vêm a ser segundo um processo natural o fazem todas invariavelmente ou geralmente de certa maneira, enquanto o que se opõe a essa invariabilidade ou generalidade *resulta da espontaneidade e da sorte*[401]. *Qual a razão, portanto, de o ser humano invariavelmente ou geralmente [vir a] ser a partir do ser humano e o trigo [vir a] ser a partir do trigo, mas não uma azeitona?*[402] Ou será o caso de o osso [ser gerado]
10 uma vez [os elementos] sejam congregados de um certo modo? Com efeito, conforme ele diz, não é a congregação fortuita dos elementos que gera algo, mas a sua congregação numa certa proporção. A causa disso, então, qual é? Não é, decerto, o fogo ou a terra. Mas não é, tampouco, *a amizade e a discórdia*[403], pois a amizade não passa de uma causa de associação, enquanto a discórdia não passa de uma causa de dissociação. *A substância*[404] de cada coisa, sim, é que é a causa e
15 não tão só "associação e dissociação do que foi associado", como ele diz. O nome pertinente a essas ocorrências é sorte, não proporção,

---

397. ...ἴσως... (*ísos*).

398. ...ὁμοίως... (*homoíos*).

399. ...πρόσθεσιν... (*prósthesin*).

400. ...αὔξει δὲ χθὼν μὲν σφέτερον δέμας, αἰθέρα δ' αἰθήρ. ... (*aýxei dè khthòn mèn sphéteron démas, aithéra d' aithér.*). Diels, fragm. 37.

401. ...ἀπὸ ταὐτομάτου καὶ ἀπὸ τύχης. ... (*apò taytomátoy kaì apò týkhes.*).

402. ...τί οὖν τὸ αἴτιον τοῦ ἐξ ἀνθρώπου ἄνθρωπον ἢ ἀεὶ ἢ ὡς ἐπὶ τὸ πολύ, καὶ ἐκ τοῦ πυροῦ πυρὸν ἀλλὰ μὴ ἐλαίαν; ... (*tí oýn tò aítion toý ex anthrópoy ánthropon è aeì è hos epì tò polý, kaì ek toý pyroý pyròn allà mè elaían;*).

403. ...ἡ φιλία καὶ τὸ νεῖκος... (*he philía kaì tò neîkos*).

404. ...ἡ οὐσία... (*he oysía*).

pois a mescla fortuita das coisas é possível. *A causa, assim, dos seres naturais*[405] é possuírem eles uma certa maneira de ser, constituindo esta a natureza própria de cada coisa, sobre a qual ele nada diz. *Nada diz, assim, sobre a natureza.*[406] Contudo, é isso o excelente e bom, ao passo que ele apenas faz elogios à mescla. Entretanto, não é a discórdia que dissocia os elementos, mas a amizade, e eles são naturalmente anteriores ao deus, sendo, inclusive, deuses.

Ademais, o que ele diz sobre o movimento é simples;[407] é o caso de admitir, com efeito, que não basta dizer que a amizade e a discórdia movem, a menos que admitamos que a amizade move-se de certo modo e a discórdia de outro. Cabia a ele, portanto, prover a definição, ou a postulação ou a demonstração desses tipos de movimento *ou rigorosa ou flexivelmente*[408], ou diferentemente, de algum outro modo. Além disso, conclui-se pela ocorrência inclusiva do movimento conforme a natureza uma vez que se revela que os corpos movem-se mediante força, vale dizer, contra a natureza, como também conforme a natureza (*por exemplo, o fogo ascendentemente sem o concurso da força, mas descendentemente mediante força*)[409], e uma vez que aquilo que é natural contraria aquilo que é mediante força, e que o movimento forçado existe. É ou não esse movimento conforme a natureza, portanto, o movimento desencadeado pela amizade? A resposta é não, visto que, pelo contrário, é descendentemente que ele move a terra e parece dissociação; *e a causa do movimento conforme a natureza é mais a discórdia do que a amizade.*[410] A decorrência disso é, em termos gerais, a natureza ser contrariada

---

405. ...τῶν δὴ φύσει ὄντων αἴτιον... (*tôn dè phýsei ónton aítion*), ou, analiticamente: ...*A causa, assim, das coisas que são (existem) naturalmente...* .

406. ...οὐδὲν ἄρα περὶ φύσεως λέγει. ... (*oydèn ára perì phýseos légei.*). O nome do poema filosófico de Empédocles era precisamente esse, ou seja, περὶ φύσεως (*perì phýseos*), *sobre a Natureza* (*da Natureza*).

407. ...Ἔτι δὲ περὶ κινήσεως ἁπλῶς λέγει... (*Éti dè perì kinéseos haplôs légei*), mas ...ἁπλῶς... tem um viés depreciativo, isto é, a ideia é de simplista, superficial.

408. ...ἢ ἀκριβῶς ἢ μαλακῶς, ... (*è akribôs è malakôs,*).

409. ...οἷον τὸ πῦρ ἄνω μὲν οὐ βίᾳ, κάτω δὲ βίᾳ... (*hoîon tò pŷr áno mèn oy bíai, káto dè bíai*).

410. ...καὶ μᾶλλον τὸ νεῖκος αἴτιον τῆς κατὰ φύσιν κινήσεως ἢ ἡ φιλία. ... (*kaì mâllon tò neîkos aítion tês katà phýsin kinéseos è he philía.*).

mais pela amizade do que pela discórdia. Quanto aos próprios corpos simples, não existe para eles, de modo algum, nem movimento nem *repouso*[411]. Mas é absurdo. Some-se a isso que se mostram em movimento; na verdade, a despeito de a discórdia dissociar, o transporte do éter em movimento ascendente não foi produzido pela discórdia, mas conforme diz ele[412] numa ocasião, como se determinado pela sorte ("Com efeito, na sua corrida era assim seu encontro, mas com frequência diferentemente"),[413] embora diga em outra que é natural do fogo ser transportado em sentido ascendente, ao passo que o éter, ele diz, "mergulhava na terra com longas raízes".[414] Diz, ao mesmo tempo, que *o universo ordenado*[415] possui a mesma condição agora sob a discórdia que possuía anteriormente sob a amizade. *Então qual é o primeiro motor e a causa do movimento?*[416] Não é decerto a amizade e a discórdia, *sendo estes, porém, causas de um certo movimento,*[417] se *aquele*[418] é o princípio.

A alma ser originária dos elementos ou ser um entre eles é outro absurdo;[419] com efeito, nesse caso, como ocorrerão na alma as

---

411. ...μονή. ... (*moné*.).
412. Empédocles.
413. ...οὕτω γὰρ συνέκυρσε θέων τοτέ, πολλάκι δ' ἄλλως... (*hoýto gàr synékyrse théon toté, polláki d' állos*). Diels, fragm. 53.
414. ...μακρῇσι κατὰ χθόνα δύετο ῥίζαις. ... (*makrêisi katà khthóna dýeto rízais.*). Diels, fragm. 54.
415. ...τὸν κόσμον... (*tòn kósmon*). Traduzimos tecnicamente, mas já contemplando a elasticidade semântica dessa palavra, sobretudo no uso que faz dela Aristóteles, inclusive em *Do Céu*. Ele pensa, presumivelmente, em nosso mundo, isto é, a Terra, e não no universo, ainda que a Terra esteja compreendida, evidentemente, no universo ordenado (universo regido por leis), até porque, para o Estagirita, ela constitui o centro do nosso sistema planetário. A alusão, entretanto, é à concepção de Empédocles, e não à sua própria teoria cosmológica. Ver o tratado *Do Céu*.
416. ...τί οὖν ἐστὶ τὸ κινοῦν πρῶτον καὶ αἴτιον τῆς κινήσεως; ... (*tí oŷn estì tò kinoŷn próton kaì aítion tês kinéseos;*).
417. ...ἀλλά τινος κινήσεως ταῦτα αἴτια, ... (*allá tinos kinéseos taŷta aítia,*).
418. ...ἐκεῖνο... (*ekeîno*), quer dizer, o primeiro motor.
419. ...Ἄτοπον δὲ καὶ εἰ ἡ ψυχὴ ἐκ τῶν στοιχείων ἢ ἕν τι αὐτῶν... (*Átopon dè kaì ei he psykhè ek tôn stoikheíon è hén ti aytôn*), ou numa tradução mais vizinha da literalidade: ...É também absurdo se a alma fosse composta a partir dos elementos ou fosse um deles... .

alterações, *por exemplo, ser músico e inversamente não músico, existir ou memória ou esquecimento?*[420] É óbvio que se a alma for fogo, as propriedades passivas que lhe serão inerentes serão as próprias do fogo enquanto fogo; por outro lado, se ela for uma mescla de elementos, lhe serão inerentes as propriedades passivas corpóreas; *mas nenhuma dessas é corpórea.*[421]

7

TODAVIA, A ABORDAGEM dessas propriedades é tarefa de outro estudo.[422] No tocante, porém, aos elementos a partir dos quais são constituídos os corpos, os pensadores que concebem que esses elementos possuem algo em comum ou que se transformam entre si são obrigados a adotar essas duas noções conjuntamente;[423] aqueles que não os concebem vindo a ser (se gerando) uns dos outros, ou um a partir de outro individualmente, *salvo como tijolos a partir de um muro,*[424] incorrem num absurdo, qual seja, de que maneira *a partir daqueles*[425] surgirão carne, ossos e os demais compostos. Isso também encerra uma dificuldade para os que concebem o vir a ser (geração) mútuo, ou seja, de que modo a partir dos próprios elementos algo distinto deles vem a ser. Eis um exemplo do que almejo dizer: considerando que possuem substrato comum, a água pode vir a ser a partir do fogo, bem como este a partir da água. Mas carne

---

420. ...οἷον τὸ μουσικὸν εἶναι καὶ πάλιν ἄμουσον, ἢ μνήμη ἢ λήθη; ... (*hoîon tò moysikòn eînai kaì pálin ámoyson, è mnéme è léthe;*).

421. ...τούτων δ' οὐδὲν σωματικόν. ... (*toýton d' oydèn somatikón.*). A literalidade desta frase nos conduz à obscuridade. Entenda-se simplesmente que nenhuma dessas propriedades corpóreas tem a ver com a alma, pois nenhuma propriedade passiva da alma é corpórea.

422. Presente no tratado *Da alma*. [Obra publicada em *Clássicos Edipro*. (N.E.)]

423. Ou seja, não podem adotar isoladamente uma ou outra dessas noções. A adoção de uma exige necessariamente a adoção da outra.

424. ...πλὴν ὡς ἐκ τοίχου πλίνθους, ... (*plèn hos ek toíkhoy plínthoys,*), ou, ainda que um tanto intempestivamente: ...*salvo como ladrilhos (azulejos) a partir de uma parede...* .

425. ...ἐξ ἐκείνων... (*ex ekeínon*), isto é, a partir dos elementos.

e *tutano*⁴²⁶ também podem vir a ser a partir desses elementos. De que maneira eles vêm a ser? Qual será, afinal, a maneira de seu vir a ser segundo aqueles que sustentam uma opinião como a de Empédocles? *Com efeito, é imperioso que sustentem que é mediante composição, como um muro que vem a ser a partir de tijolos e pedras;*⁴²⁷ por outro lado, *a mescla*⁴²⁸ em pauta será a partir dos elementos preservados, porém justapostos entre si em partículas minúsculas. É o que se supõe suceder com a carne e com cada um dos outros [compostos]. A consequência é a geração (vir a ser) do fogo e da água não ser a partir de qualquer parte da carne, como seria possível que uma esfera viesse a ser a partir de uma parte de cera, ao passo que uma pirâmide a partir de alguma outra parte, isso embora o vir a ser (geração) de cada uma delas pudesse ter sido a partir de cada uma das partes. É desse modo que ocorre o vir a ser (geração) quando a partir de qualquer parte da carne *ambos*⁴²⁹ vêm a ser; algo, entretanto, que não é possível para aqueles que sustentam o supracitado, sendo possível apenas como pedra e tijolo passam a existir a partir de um muro: cada um a partir de um lugar e de uma parte distintos. Aqueles para os quais os elementos possuem uma matéria una topam igualmente com uma dificuldade, qual seja, como a partir de dois deles é possível resultar alguma coisa, por exemplo o frio e o quente, ou o fogo e a terra. Com efeito, se a carne é composta de ambos e não é nenhum deles, mas tampouco é uma composição em que estão preservados, que alternativa resta senão admitir que o resultado de ambos é matéria? Efetivamente, o produto da corrupção (cessar de ser) de um ou outro é ou o outro ou a matéria.

O fato de o quente e o frio apresentarem grau maior e menor leva-nos a concluir que ainda que quando um ou outro existir em ato simplesmente, o outro existirá em potência; quando, pelo

---

426. ...μυελός... (*myelós*), medula.
427. ...ἀνάγκη γὰρ σύνθεσιν εἶναι καθάπερ ἐκ πλίνθων καὶ λίθων τοῖχος... (*anágke gàr sýnthesin einai katháper ek plínthon kaì líthon toîkhos*). Cf. 334a20 e nota pertinente (424).
428. ...τὸ μῖγμα... (*tò mîgma*).
429. ...ἄμφω... (*ámpho*), ou seja, o fogo e a água.

contrário, nenhum existir *completamente*[430], mas como se de algum modo o quente fosse frio e este quente, isto porque, ao se mesclarem, se destroem mutuamente os excessos, a consequência será que nem sua matéria nem cada um dos contrários existirá em ato pura e simplesmente, *mas será um intermediário*[431]; e conforme for em potência mais quente do que frio, ou o oposto, apresentará uma capacidade de aquecimento proporcionalmente maior (a proporção sendo dupla ou triplamente) do que a de resfriamento. É a partir dos contrários, ou dos elementos mesclados, que surgirão os outros corpos; e os elementos surgirão a partir daqueles contrários que existem de algum modo em potência, não como existe a matéria, mas da maneira supracitada. É assim que acontece a mescla, enquanto é matéria o que vem a ser naquela outra situação. Mas, a nos basearmos no que foi definido inicialmente, os contrários também sofrem ação, *pois o quente em ato é frio em potência e o frio em ato é quente em potência,*[432] do que decorre que na falta de uma equalização deles[433] transformam-se um no outro. O mesmo vale para os outros contrários; os elementos são os primeiros a se transformarem, a partir destes vindo a ser carne, ossos e similares quando o quente torna-se frio e este quente, atingindo eles a mediania; com efeito, ambos não existem nesse ponto, *porém a mediania é extensa e não indivisível*[434]. Semelhantemente também no que respeita ao seco, ao úmido (líquido) e aos similares, que produzem carne, ossos e outros compostos de acordo com a mediania.

---

430. ...παντελῶς, ... (*pantelôs,*).

431. ...ἀλλὰ μεταξύ... (*allà metaxý*).

432. ...ἔστι γὰρ τὸ ἐνεργείᾳ θερμὸν δυνάμει ψυχρὸν καὶ τὸ ἐνεργείᾳ ψυχρὸν δυνάμει θερμόν, ... (*ésti gàr tò energeíai thermòn dynámei psykhròn kaì tò energeíai psykhròn dynámei thermón,*).

433. Ou seja, do quente e do frio.

434. ...τὸ δὲ μέσον πολὺ καὶ οὐκ ἀδιαίρετον. ... (*tò dè méson polỳ kaì oyk adiaíreton.*).

8

TODOS OS CORPOS MESCLADOS existentes em torno da região do centro são compostos a partir de todos os simples.[435] Com efeito, pela razão de que cada corpo existe principal e copiosamente *no seu próprio lugar*[436], é a terra que entra na composição dele; e pela razão da necessidade do composto ser limitado, sendo a água o único dos corpos simples que é delimitado e, ademais, sendo impossível à terra manter coesão na ausência de umidade (esta é o responsável por sua coesão), a água tem de estar presente; com efeito, no caso de a terra ser totalmente privada de umidade, o resultado seria a sua desagregação.

Eis aí as causas de a terra, portanto, e a água contribuírem na composição dos corpos compostos, o mesmo valendo para o ar e o fogo, uma vez que são os contrários da terra e da água; com efeito, a terra o é do ar, enquanto a água o é do fogo, *na medida em que é possível a uma substância ser contrária a outra substância*.[437] Como, portanto, *os vires a ser (gerações) são a partir dos contrários*,[438] estando já presente um par dos extremos contrários, impõe-se também a presença do outro par; daí decorre que em todo composto estão contidos todos os corpos simples. *Disso parece dar testemunho o alimento de cada um dos compostos*;[439] todos, com efeito, alimentam-se das mesmas coisas de que são constituídos, e todos recebem mais de um alimento. A propósito, *as plantas*[440], as quais pareceriam ser exclusivamente nutridas por água, na verdade o são por mais de um

---

435. ...Ἅπαντα δὲ τὰ μικτὰ σώματα, ὅσα περὶ τὸν τοῦ μέσου τόπον ἐστίν, ἐξ ἁπάντων σύγκειται τῶν ἁπλῶν. ... (*Hápanta dè tà miktà sómata, hósa perì tòn toỹ mésoy tópon estín, ex hapánton sýgkeitai tôn haplôn.*). Ver *Do Céu*.

436. ...ἐν τῷ οἰκείῳ τόπῳ, ... (*en tôi oikeíoi tópoi,*), isto é, no lugar da terra.

437. ...ὡς ἐνδέχεται οὐσίαν οὐσίᾳ ἐναντίαν εἶναι. ... (*hos endékhetai oysían oysíai enantían eînai.*), ou, mais próximo à literalidade: ...*tal como é possível substância ser contrária à substância*. ... .

438. ...αἱ γενέσεις ἐκ τῶν ἐναντίων εἰσίν, ... (*hai genéseis ek tôn enantíon eisín,*).

439. ...μαρτυρεῖν δ' ἔοικε καὶ ἡ τροφὴ ἑκάστων... (*martyreîn d' éoike kaì he trophè hekáston*).

440. ...τὰ φυτά, ... (*tà phytá,*).

alimento, pois a terra está mesclada à água; isso explica por que *os agricultores*[441] tentam misturar na irrigação.[442] *Visto que o alimento é da matéria, ao passo que o alimentado é a configuração e a forma unidas à matéria,*[443] é razoável pensar que somente o fogo, entre os corpos simples que se geram mutuamente, é alimentado, opinião de que compartilham, inclusive, os primeiros pensadores. Apenas o fogo, com efeito, e em grau máximo comparativamente aos outros, tem o caráter de uma forma devido à sua propensão natural de ser transportado rumo ao limite. A natureza de cada um [dos outros corpos simples] os faz serem transportados rumo ao local que lhes é próprio, as configurações e formas de todos eles estando na dependência dos limites. Com isso, portanto, explicamos a composição de todos os corpos compostos, ou seja, que todos provêm de todos os corpos simples.

9

CONSIDERANDO QUE ALGUMAS COISAS são passíveis de geração e *corrupção*,[444] e que é na região em torno do centro que ocorre a geração (vir a ser), é nossa tarefa discorrer acerca de quantos e quais são *os princípios*[445] que dizem respeito igualmente a toda geração (vir a ser); com efeito, se começarmos por apreender *os universais*[446], isso nos facilitará a elaborar uma teoria sobre *os particulares*[447].

Esses princípios são, assim, iguais quanto ao número e idênticos quanto ao gênero aos do domínio das coisas eternas e primá-

---

441. ...οἱ γεωργοὶ... (*hoi georgoi*).

442. Ou seja, ao regarem as plantas, mesclam a água com a terra, visando a constituir o alimento delas.

443. ...ἐπεὶ δ' ἐστὶν ἡ μὲν τροφὴ τῆς ὕλης, τὸ δὲ τρεφόμενον συνειλημένον τῇ ὕλῃ ἡ μορφὴ καὶ τὸ εἶδος, ... (*epeì d' estin he mèn trophè tês hýles, tò dè trephómenon syneileménon têi hýlei he morphè kaì tò eîdos,*).

444. ... Ἐπεὶ δ' ἐστὶν ἔνια γενητὰ καὶ φθαρτά, ... (*Epeì d' estin énia genetà kaì phthartá,*), em outras palavras, algumas coisas vêm a ser e cessam de ser.

445. ...αἱ ἀρχαί... (*hai arkhaí*).

446. ...τῶν καθόλου... (*tôn kathóloy*).

447. ...τὰ καθ' ἕκαστον... (*tà kath' hékaston*).

rias,⁴⁴⁸ pois um deles é na qualidade de matéria, outro, na qualidade de forma. É necessário também haver o terceiro, pois os dois primeiros não bastam para produzir o vir a ser, como não bastam tampouco no que respeita às coisas primárias. Entenda-se que *causa*⁴⁴⁹, na qualidade de matéria no que diz respeito a coisas passíveis de geração (vir a ser), é *o possível de ser e de não ser*⁴⁵⁰. Existem coisas, como as eternas, que são *por necessidade*⁴⁵¹. e as que não são por necessidade. Para as primeiras é impossível não ser, ao passo que para as segundas é impossível ser, uma vez que neste último caso elas não podem contrariar a necessidade e ser diferentemente do que são. Para algumas coisas, porém, é possível tanto ser quanto não ser, que é o que ocorre com aquelas passíveis de vir a ser e cessar de ser; com efeito, *ora* são, *ora* não são.⁴⁵² Conclui-se que é no domínio do possível de ser e de não ser que acontecem necessariamente a geração (vir a ser) e a corrupção (cessar de ser). Assim, é essa a causa, a contemplarmos a causa na qualidade de matéria, das coisas passíveis de virem a ser; quanto à causa como *o fim*⁴⁵³ delas é sua configuração e forma; e isso, no tocante a cada uma em particular, é a definição de sua substância.

---

448. ...Εἰσὶν οὖν καὶ τὸν ἀριθμὸν ἴσαι καὶ τῷ γένει αἱ αὐταὶ αἵπερ ἐν τοῖς ἀϊδίοις τε καὶ πρώτοις... (*Eisìn oŷn kaì tòn arithmòn ísai kaì tôi génei hai aytaì haíper en toîs aidíois te kaì prótois*). A referência de Aristóteles é aos astros. Ver *Do Céu*.
449. ...αἴτιον... (*aítion*).
450. ...τὸ δυνατὸν εἶναι καὶ μὴ εἶναι. ... (*tò dynatòn eînai kaì mè eînai.*), ou: ...o possível de *existir* e de *não existir*... . Nossa preferência por *ser e não ser* é motivada apenas por uma questão de uniformização terminológica (em função do *vir a ser* e *cessar de ser* em português), porque, ontologicamente falando, *ser e existir* são o mesmo no âmbito da filosofia grega antiga, ambas as palavras (mas conceito idêntico nesse contexto) correspondendo ao verbo εἰμί (*eimí*), infinitivo εἶναι (*eînai*).
451. ...ἐξ ἀνάγκης... (*ex anágkes*).
452. Ou seja, diferentemente das coisas que são necessariamente, ou não são necessariamente, elas são e não são *no tempo*, quer dizer, em períodos de tempo distintos. O vir a ser e o cessar de ser ocorrem no tempo. Embora sejam quatro conceitos distintos, Aristóteles faz convergir aqui o ser ao *vir a ser* (γένεσις) e o não-ser ao *cessar de ser* (φθορά).
453. ...τὸ οὗ ἕνεκεν... (*tò hoỹ héneken*), o em função de que.

Mas impõe-se também a presença do terceiro princípio, *objeto do sonho de todos, porém não expresso verbalmente por ninguém*,[454] embora tenha havido alguns que pensaram que *a natureza das Formas*[455] constituía causa bastante para a geração (vir a ser), *como Sócrates, no Fédon*[456]; ele, com efeito, após encontrar como reprovar os outros pensadores por não terem contribuído em nada sobre o assunto, supõe que entre os seres há alguns que são Formas e outros *participantes das Formas*[457], e diz que a coisa particular existe em conformidade com a Forma e vem a ser por participação nela, ao passo que cessa de ser por conta de sua rejeição; sua conclusão é que, na hipótese de ser isso verdadeiro, as Formas são necessariamente as causas quer da geração (vir a ser), quer da corrupção (cessar de ser). Para alguns outros, a própria matéria é a causa, pois é dela que o movimento se origina. Mas nem um nem outro desses discursos está correto. Afinal, se as Formas são causas, uma vez que se mantêm em seu posto, bem como aqueles que delas participam, por que não produzem constantemente o vir a ser, o fazendo apenas intermitentemente? Isso sem considerarmos que em alguns casos a causa é outra; a despeito da existência da própria saúde, da própria ciência e daqueles que delas participam, é, com efeito, o *médico que produz saúde e o homem de ciência, ciência*;[458] é assim igualmente

---

454. ...ἅπαντες μὲν ὀνειρώττουσι, λέγει δ' οὐδείς, ... (*hápantes mèn oneiróttoysi, légei d' oydeís,*), ou, mais vizinho à literalidade: ...*com o qual todos sonham, mas que ninguém expressa,* ... .

455. ...τὴν τῶν εἰδῶν φύσιν, ... (*tèn tôn eidôn phýsin,*). Forma, que escrevemos (aqui no plural) com inicial maiúscula, ou Ideia é o conceito específico platônico: realidade original, singular, perfeita, sensorialmente imperceptível, abstrata, universal, necessária, eterna e imutável existente na *região inteligível* (νοητός τόπος [*noetós tópos*]), que, por *participação* (μέθεξις [*méthexis*]) é matriz e modelo para a manifestação na *região sensível* (αἰσθητός τόπος [*aisthetós tópos*]) de cópias ou simulacros (εἴδωλα [*eídola*]) múltiplos, imperfeitos, sensorialmente perceptíveis, concretos, particulares, contingentes, perecíveis e mutáveis. Ver o diálogo *Parmênides*, de Platão. [Em *Diálogos IV*, obra publicada em *Clássicos Edipro*. (N.E.)]

456. ...ὥσπερ ὁ ἐν Φαίδωνι Σωκράτης... (*hósper ho en Faídoni Sokrátes*). Ver *Fédon*, 96a e segs. [Em *Diálogos III*, obra publicada *Clássicos Edipro*. (N.E.)]

457. ...μεθεκτικὰ τῶν εἰδῶν, ... (*methektikà tôn eidôn*).

458. ...ὑγίειαν γὰρ ὁ ἰατρὸς ἐμποιεῖ καὶ ἐπιστήμην ὁ ἐπιστήμων, ... (*hygíeian gàr ho iatròs empoieî kaì epistémen ho epistémon,*).

no que toca a outras ações executadas em consonância com certa faculdade. Por outro lado, se alguém declarasse ser a matéria, mediante o seu movimento, produtora de vir a ser, estaria em seu discurso *mais em harmonia com a natureza*[459] do que os autores dos discursos supracitados; *com efeito, o que altera e transforma é em maior grau causa de geração (vir a ser)* [460], e estamos habituados a dizer, no que se refere igualmente aos produtos da natureza e da arte, que tudo *aquilo que desencadeia movimento*[461] é essa causa. Entretanto, também os que se expressam assim não estão corretos, uma vez que, embora sofrer ação e ser movida diga respeito à matéria, mover e agir (exercer ação) dizem respeito à outra faculdade (algo que se mostra evidente quer no que toca ao que vem a ser mediante a arte, quer no que toca ao que vem a ser mediante a natureza, *pois a água ela mesma não produz um ser vivo a partir de si mesma, tampouco a madeira, um leito, mas a arte*).[462] Assim, se explica o porque da incorreção do que exprimem esses pensadores, ao que se deve acrescer outra razão, a saber, desconsideram *a causa mais importante*,[463] porquanto suprimem *a essência*[464] e a forma. Ao eliminarem, ademais, *a causa formal*,[465] ficam com poderes *demasiado instrumentais*[466] a serem conferidos aos corpos e que os capacitam a promover a geração (vir a ser) das coisas. De fato, sendo, como dizem, natural que o quente dissocie, que o frio una e que cada uma das demais qualidades seja ativa ou passiva, uma exercendo a ação, enquanto a outra a sofre, sustentam que a

---

459. ...φυσικώτερον... (*fysikóteron*).

460. ...τὸ γὰρ ἀλλοιοῦν καὶ τὸ μετασχηματίζον αἰτιώτερόν τε τοῦ γεννᾶν, ... (*tò gàr alloioŷn kaì tò metaskhematízon aitióterón te toŷ gennân,*).

461. ...κινητικόν. ... (*kinetikón.*).

462. ...οὐ γὰρ αὐτὸ ποιεῖ τὸ ὕδωρ ζῷον ἐξ αὐτοῦ, οὐδὲ τὸ ξύλον κλίνην, ἀλλ' ἡ τέχνη... (*oy gàr aytò poieî tò hýdor zôion ex haytoŷ, oydè tò xýlon klínen, all' he tékhne*). Conjetura-se, embora ausente no texto de Bekker e de outros, e mesmo nos manuscritos, após ...ἐξ αὐτοῦ... um presumível ...ἀλλ' ἡ φύσις... (*all' he phýsis*), ...mas a natureza... .

463. ...τὴν κυριωτέραν αἰτίαν... (*tèn kyriotéran aitían*), a causa preponderante.

464. ...τὸ τί ἦν εἶναι... (*tò tí ên eînai*), literal e analiticamente: *o que é o ser*... .

465. ...τὸ εἶδος αἰτίαν. ... (*tò eîdos aitían.*).

466. ...λίαν ὀργανικῶς, ... (*lían organikôs,*).

geração (vir a ser) e a corrupção (cessar de ser) de todas as outras coisas ocorrem a partir e mediante isso. *Contudo, o que se revela é que o próprio fogo é movido e sofre ação.*[467] Ademais, o procedimento deles equivale àquele de alguém que conferisse a serra ou a cada uma das ferramentas a causa da geração (vir a ser), uma vez que ocorre necessariamente divisão quando alguém utiliza a serra e aplainamento quando alguém utiliza a plaina, o mesmo acontecendo no caso de outras ferramentas. Conclui-se que, mesmo admitindo-se que o fogo seja, sobretudo, ativo e desencadeador de movimento, não há da parte deles uma explicação de como ele move, a saber, de um modo inferior ao das ferramentas. Num tratado anterior discorremos sobre as causas em geral,[468] e agora estabelecemos a distinção entre matéria e forma.

10

ADEMAIS, UMA VEZ QUE DEMONSTRAMOS[469] ser eterna a *mudança de origem cinética*[470], a conclusão inescapável é que, se assim é, há continuidade da geração (vir a ser), pois, ao aproximar e afastar *o gerador*[471], a mudança de origem cinética produzirá continuamente geração (vir a ser). É evidente, ao mesmo tempo, que havia acerto na nossa declaração de um trabalho anterior[472] de que é a mudança de origem cinética (translação) *a primeira das mudanças*[473], e não a geração (vir a ser). É muito mais razoável, com efeito, a hipótese de que é o ser causa da geração (vir a ser) do não-ser do que aquela de que é o não-ser causa [da geração] do

---

467. ...φαίνεται δὲ καὶ τὸ πῦρ αὐτὸ κινούμενον καὶ πάσχον. ... (*pháinetai dè kaì tò pŷr aytò kinoýmenon kaì páskhon.*).
468. Ou seja, na *Física*. Joachim inicia o capítulo 10 com esta frase.
469. Na *Física*.
470. ...φορὰν κίνησις... (*phoràn kínesis*), a translação.
471. ...τὸ γεννητικόν. ... (*tò gennetikón.*), especificamente *o sol* (ὁ ἥλιος [*ho hélios*]).
472. A *Física*.
473. ...τὸ πρώτην τῶν μεταβολῶν... (*tò próten tôn metabolôn*).

ser.⁴⁷⁴ O que é mudado cineticamente (transladado) existe, ao passo que o que está vindo a ser não existe, razão pela qual a mudança com origem no movimento (translação) é anterior à geração (vir a ser). Ora, a considerar tanto a suposição quanto a de-
25 monstração de que as *coisas*⁴⁷⁵ estão continuamente submetidas à geração (vir a ser) e à corrupção (cessar de ser) e nossa declaração de que a mudança cinética (translação) é a causa do vir a ser, mostrar-se-á evidente que, no caso da unicidade da translação, não é possível a continuidade de ambos esses processos pelo fato de serem opostos; com efeito, há uma determinação natural de que a mesma coisa, se não alterar a condição em que se acha, produz idêntico resultado. Por conseguinte, o resultado será invariavelmente geração (vir a ser) ou corrupção (cessar de ser). É necessário, entretanto, que os movimentos sejam múltiplos e contrários,
30 ou no sentido de sua mudança cinética (translação) ou de sua irregularidade, uma vez que os contrários são causas dos contrários.

Conclui-se que a causa da geração e da corrupção não é a mudança cinética primária (translação primária), mas aquela ao longo do *círculo oblíquo*⁴⁷⁶, visto que nesta existe tanto continuidade quando movimento duplo; com efeito, na hipótese de haver sempre continuidade de geração (vir a ser) e corrupção (cessar de ser), será neces-
336b1 sária a existência de algo perpetuamente móvel para assegurar a continuidade da sucessão de transformações; será também necessária a presença do movimento duplo, de modo que as transformações não sejam restringidas a uma única. *Assim, a mudança cinética (translação)* **do todo** *é a causa da continuidade, a inclinação, a da aproximação*
5 *e do afastamento.*⁴⁷⁷ Com efeito, acontece de o corpo móvel tornar-se

---

474. ...πολὺ γὰρ εὐλογώτερον τὸ ὂν τῷ μὴ ὄντι γενέσεως αἴτιον εἶναι ἢ τὸ μὴ ὂν τῷ ὄντι τοῦ εἶναι. ... (*polỳ gàr eylogóteron tò òn tôi mè ónti genéseos aítion eînai è tò mè òn tôi ónti toỹ eînai.*), ou, mais compactamente: ...*É muito mais razoável, com efeito, ser o ser causa da geração (vir a ser) do não-ser do que ser o não-ser a do ser...* .

475. ...πράγμασι... (*prágmasi*).

476. ...λοξὸν κύκλον... (*loxòn kýklon*). Ver *Do Céu*.

477. ...τῆς μὲν οὖν συνεχείας ἡ **τοῦ ὅλου** φορὰ αἰτία, τοῦ δὲ προσιέναι καὶ ἀπιέναι ἡ ἔγκλισις... (*tês mèn oỹn synekheías he* **toỹ hóloy** *phorà aitía, toỹ dè prosiénai kaì apiénai he égklisis*). Aristóteles discorre em termos cosmológicos, de modo que o leitor deve entender o genitivo singular ...τοῦ ὅλου... como ...*do universo*... . Ver *Do Céu*.

ora longe, ora próximo. E sendo a distância desigual, o movimento será irregular; resulta que se esse corpo gera (produz vir a ser) mediante aproximação e pelo fato de estar próximo, conclui-se que ele próprio, ao afastar-se e tornar-se distante, destrói (produz cessar de ser), sua aproximação frequente produzindo vir a ser, enquanto o afastamento frequente produz cessar de ser, uma vez que contrários são causas dos contrários. E corrupção (cessar de ser) e geração (vir a
10 ser), conforme a natureza, ocorrem *em tempo igual*[478]. Daí haver para *os tempos e as vidas*[479] de cada ser vivo um número pelo qual são distinguidos, uma vez que existe *ordem*[480] para todos, e toda vida e todo tempo são medidos por períodos, os quais, porém, não são idênticos para todos, um período menor servindo de medida para alguns, ao passo que para outros, um maior; com efeito, para alguns a medida é
15 o ano, enquanto para outros, um período maior ou menor.

Nossas teorias encontram concordância com o que mostra a percepção sensorial; vemos, com efeito, que é com a aproximação do sol que há geração (vir a ser) e que é com seu afastamento que há corrupção (cessar de ser), e que cada uma delas ocorre num tempo igual, visto serem iguais os tempos do vir a ser e do cessar de
20 ser naturais. Acontece com frequência, contudo, de em função da mistura das coisas entre si, estas cessarem de ser em tempo menor, porquanto a irregularidade de sua matéria e o fato de não serem idênticas em todo lugar determinam necessariamente também a irregularidade dos *vires a ser*[481], ora mais céleres, ora mais lentos, de maneira que a geração (vir a ser) de algumas coisas converte-se na causa da corrupção (cessar de ser) de outras.

25 *Como dissemos, geração (vir a ser) e corrupção (cessar de ser) serão sempre contínuas, e jamais faltarão devido à causa que indicamos.*[482]

---

478. ...ἐν ἴσῳ χρόνῳ... (*en ísoi khrónoi*).

479. ...καὶ οἱ χρόνοι καὶ οἱ βίοι... (*kaì hoi khrónoi kaì hoi bíoi*).

480. ...τάξις, ... (*táxis,*).

481. ...γενέσεις... (*genéseis*).

482. ...Ἀεὶ δ', ὥσπερ εἴρηται, συνεχὴς ἔσται ἡ γένεσις καὶ ἡ φθορά, καὶ οὐδέποτε ὑπολείψει δι' ἣν εἴπομεν αἰτίαν. ... (*Aeì d', hósper eíretai, synekhès éstai he génesis kaì he phthorá, kaì oydépote hypoleípsei di' hèn eípomen aitían.*).

É razoável que isso aconteça, pois, como sustentamos, a natureza, em tudo e sempre, anseia pelo melhor, e *o ser é melhor do que o não--ser*[483] (em outro lugar mencionamos em quantos sentidos dizemos o ser)[484]; a presença, porém, do ser em todas as coisas é impossível por conta da grande distância que as separa do princípio, *de sorte que Deus recorreu ao procedimento que restava e conferiu perfeição ao universo transmitindo continuidade ao vir a ser*;[485] assim, com efeito, *o ser*[486] assume máxima coerência porque a produção perpétua do vir a ser apresenta a maior proximidade possível da substância. A causa disso, como muitas vezes mencionado por nós, é *o movimento circular*,[487] uma vez que é o único contínuo. Daí concluir-se que também imitam o movimento circular as outras coisas que se transformam entre si, em conformidade com suas propriedades passivas ou potências, como é o caso dos corpos simples. Com efeito, quando a partir da água vem a ser o ar, a partir deste, o fogo e a partir deste, novamente a água, dizemos que o vir a ser (geração) completou o ciclo porque regressou ao ponto de partida. Disso resulta a mudança cinética (translação) em linha reta, pelo fato de imitar a circular, ser também contínua.

A partir disso, ao mesmo tempo também elucida-se um ponto que, para alguns, constitui um impasse: porque, a considerar que cada um dos corpos move-se para o lugar que lhe é próprio,

---

483. ...βέλτιον δὲ τὸ εἶναι ἢ τὸ μὴ εἶναι... (*béltion dè tò eînai è tò mè eînai*).

484. Na *Metafísica*, Livro V, capítulo 7.

485. ...τῷ λειπομένῳ τρόπῳ συνεπλήρωσε τὸ ὅλον ὁ θεός, ἐνδελεχῆ ποιήσας τὴν γένεσιν... (*tôi leipoménoi trópoi syneplérose tò hólon ho theós, endelekhê poiésas tèn génesin*), ou, mais próximo à literalidade: ...de sorte que Deus seguiu a maneira que restava e aperfeiçoou o todo fazendo o vir a ser contínuo; ... . Apesar do ...ὁ θεός..., *o deus*, artigo definido masculino mais substantivo masculino, ambos em concordância no nominativo singular, ou seja, não há propriamente nenhum problema linguístico, nossa tradução segue o mesmo entendimento presente na *Metafísica*, isto é, entendemos que Aristóteles não está se referindo a um deus particular da mitologia e da religião gregas (Zeus, Apolo etc.), mas ao Primeiro Motor (πρῶτον κινοῦν [*prôton kinoŷn*]). Ver *Metafísica*, Livro XII, capítulo 7.

486. ...τὸ εἶναι...(*to eînai*).

487. ...ἡ κύκλῳ φορά... (*he kýkloi phorá*), a translação.

os corpos não se separaram *no tempo infinito*[488]. De fato, a razão para isso é a mudança de posição deles entre si, uma vez que se cada um se conservasse em seu próprio lugar, não sendo transformado por seu vizinho, a separação deles já teria ocorrido há muito. É, portanto, em função de um movimento de caráter duplo que ocorre sua transformação; por outro lado, em função de sua transformação, não é possível para nenhum deles permanecer numa posição estacionária.

Mostra-se evidente, a considerar o que foi dito, que existem geração (vir a ser) e corrupção (cessar de ser), a que causa se devem, e o que vem a ser e cessa de ser. A existência do movimento, contudo, requer necessariamente, como dissemos anteriormente em outro tratado,[489] aquela de algum motor e se o movimento é perpétuo, é necessário que o motor seja perpétuo; e se o primeiro é contínuo, o motor tem de ser uno, o mesmo, imóvel, não gerado e inalterável; e na hipótese da multiplicidade dos movimentos circulares, esses – a despeito de múltiplos – deverão estar submetidos a um único princípio de alguma maneira; por outro lado, sendo o tempo contínuo, o movimento é necessariamente contínuo, porquanto é impossível existir tempo independentemente do movimento. O tempo, portanto, é o número de alguma coisa contínua e, assim, do movimento circular, *tal como estabelecido em nossos discursos iniciais*[490]. Entretanto, deve-se a continuidade do movimento ao fato de o movido ser contínuo ou ao fato de o veículo do movimento o ser, quero dizer, por exemplo, o lugar ou a propriedade passiva? Claramente ao fato de o movido ser contínuo; com efeito, como ser contínua a propriedade passiva exceto devido ao fato de ser contínua *a coisa*[491] a que pertence? E se é devido à continuidade do lugar em que ocorre, esta existirá somente naquele em que ocorre, uma vez que possui certa grandeza. Quanto ao que se move, somente se o faz circular-

---

488. ...ἐν τῷ ἀπείρῳ χρόνῳ... (*en tôi apeíroi khrónoi*).

489. Na *Física*.

490. ...καθάπερ ἐν τοῖς ἐν ἀρχῇ λόγοις διωρίσθη. ... (*kathápter en toîs en arkhêi lógois diorísthe.*). Aristóteles alude à *Física*.

491. ...τὸ πρᾶγμα... (*tò prâgma*).

mente é contínuo, de modo a ser sempre contínuo consigo mesmo. O que produz, portanto, movimento contínuo é isso, a saber, o corpo movido circularmente; por outro lado, seu movimento torna o tempo contínuo.

11

Como observamos no processo de geração (vir a ser), ou alteração ou mudança em geral, em que as coisas são movidas continuamente em uma marcha sucessiva, isto vindo a ser depois daquilo *de modo a não deixar intervalos*,[492] *cabe-nos investigar se existe algo que será necessariamente, ou nada, sendo possível que todas as coisas não venham a ser*.[493] Está claro, com efeito, que algumas coisas não vêm a ser, por exemplo que diferem, devido a isso, *o será e o na iminência de ser*[494]; efetivamente, se é verdadeiro dizer de algo que *será*[495] deve ser verdadeiro dizer que a qualquer momento *é*[496]; por outro lado, ainda que seja verdadeiro dizer de algo que está na iminência de ser, nada impede que não venha a ser; *com efeito, alguém poderia não caminhar, ainda que agora estivesse na iminência de caminhar.*[497] *Considerando que em geral é possível para alguns seres também não ser, está claro que isso acontecerá também com aqueles que estão vindo a ser, e que seu vir a ser não acontecerá necessariamente.*[498] São todas as coisas que vêm a ser assim ou não?

---

492. ...ὥστε μὴ διαλείπειν, ... (*hóste mè dialeípein,*).
493. ...σκεπτέον πότερον ἔστι τι ὃ ἐξ ἀνάγκης ἔσται, ἢ οὐδέν, ἀλλὰ πάντα ἐνδέχεται μὴ γενέσθαι. ... (*skeptéon póteron ésti ti hò ex anágkes éstai, è oydén, allà pánta endékhetai mè genésthai,*).
494. ...τὸ ἔσται καὶ τὸ μέλλον... (*tò éstai kaì tò méllon*).
495. ...ἔσται, ... (*éstai,*).
496. ...ἔστιν... (*éstin*).
497. ...μέλλων γὰρ ἄν βαδίζειν τις οὐκ ἂν βαδίσειεν. ... (*méllon gàr àn badízein tis oyk àn badíseien.*).
498. ...ὅλως δ', ἐπεὶ ἐνδέχεται ἔνια τῶν ὄντων καὶ μὴ εἶναι, δῆλον ὅτι καὶ τὰ γινόμενα οὕτως ἕξει, καὶ οὐκ ἐξ ἀνάγκης τοῦτ' ἔσται. ... (*hólos d', epeì endékhetai énia tôn ónton kaì mè êinai, dêlon hóti kaì tà ginómena hoýtos héxei, kaì oyk ex anágkes toŷt' éstai.*), ou, próximo à literalidade: ...*Como em geral é possível para alguns seres também não ser, claro que assim também será com os que estão vindo a ser, e que seu vir a ser não será necessariamente.* ... .

Ou não são, mas é simplesmente necessário que algumas delas venham a ser e que suceda ao vir a ser (geração) tal como sucede com o ser, existindo as coisas impossíveis de não ser e as possíveis de não ser? *Por exemplo, é forçoso que solstícios aconteçam, e é impossível que não aconteçam.*[499]

Se o será do que é posterior é condicionado necessariamente pelo vir a ser (geração) do que é anterior (*por exemplo, se é para uma casa existir [é necessário o vir a ser do] alicerce e se é para este existir [o vir a ser da] argila*)[500], estamos autorizados a concluir que, no caso do vir a ser do alicerce, a casa necessariamente virá a ser? Ou não é assim no caso do vir a ser da casa não ser simplesmente uma necessidade? Mas o vir a ser necessário do alicerce determina o vir a ser da casa, uma vez que supomos que o anterior relaciona-se com o posterior de tal modo que o será do que é posterior requer necessariamente que o que é anterior o anteceda. Assim, a necessidade condicional do vir a ser daquilo que é posterior determina a necessidade de que aquilo que é anterior tenha vindo a ser e se o anterior, também o posterior, isto não devido ao anterior, mas porque se supôs necessário o será do posterior. Conclui-se que sempre que o posterior é necessário, também o oposto é válido, e sempre o vir a ser do anterior exige também o vir a ser do posterior.

Se a série marchar em sentido descendente *ao infinito*[501], o vir a ser (geração) de um componente posterior seu não será por necessidade absoluta, mas *condicional*[502]; com efeito, será sempre imperiosa a existência de um outro componente anterior a fim de determinar a necessidade do vir a ser do componente posterior.

---

499. ...οἷον τροπὰς ἄρα ἀνάγκη γενέσθαι, καὶ οὐχ οἷόν τε μὴ ἐνδέχεσθαι. ... (*hoîon tropàs ára anánke genésthai, kaì oykh hoîon te mè endékhesthai.*), ou seja, o vir a ser (geração) dos solstícios é necessário e não contingente.

500. ...οἷον εἰ οἰκία, θεμέλιον, εἰ δὲ τοῦτο, πηλόν... (*hoîon ei oikía, themélion, ei dè toŷto, pelón*): o grego aqui, como em tantas outras fraseologias ou construções gramaticais, é particularmente compacto. Entenda-se que a casa é posterior em relação ao alicerce (que lhe é anterior e necessariamente a condiciona), enquanto o alicerce é posterior à argila (que lhe é anterior e necessariamente o condiciona). Sem o *vir a ser* da argila e do alicerce a casa não *será*.

501. ...εἰς ἄπειρον... (*eis ápeiron*).

502. ...ἐξ ὑποθέσεως... (*ex hypothéseos*).

A conclusão é que se não existir um *começo do infinito*,[503] tampouco existirá um componente primário a determinar a necessidade do vir a ser (geração) dos demais componentes. Ademais, não se poderá, nessa conjuntura, sustentar *verdadeiramente*[504], inclusive no tocante a componentes de uma série que tivesse limites, a necessidade absoluta de seu vir a ser, por exemplo, que quando houvesse o vir a ser de seu alicerce, uma casa viesse a ser; com efeito, somente no caso da necessidade perpétua do vir a ser (geração) de uma casa, acontecerá de, uma vez vindo a ser seu alicerce, algo que prescinde de ser perpetuamente tem de ser perpetuamente. Afinal, se o vir a ser de algo é necessário, tem de ser perpétuo, *pois o que é por necessidade também é simultaneamente de maneira perpétua*,[505] uma vez que não é possível para o que necessariamente é não ser.[506] Conclusão: *se uma coisa é por necessidade, é eterna, e, se eterna, por necessidade.*[507] Assim, se é por necessidade o vir a ser (geração) de uma coisa, ele é eterno, ao passo que, se eterno, é por necessidade.

Na hipótese, portanto, de ser o vir a ser de alguma coisa absolutamente necessário, impõe-se que seja circular e que execute uma rotação sobre si. É preciso, realmente, que possua um limite ou que não o possua, caso em que deve ser retilíneo ou circular. A considerar essas duas alternativas, não é possível que progrida numa linha reta se for eterno, isso dada a impossibilidade de ter um começo, independentemente de tomarmos os componentes em sentido descendente como acontecimentos futuros, ou em sentido ascendente como pretéritos. É imperioso, contudo, existir um começo, sem que o vir a ser, porém, seja limitado, impondo-se, inclusive, que ele seja eterno. Daí ser necessariamente circular. Outra consequência

---

503. ...ἀρχὴ τοῦ ἀπείρου, ... (*arkhè toý apeíroy,*).
504. ...ἀληθῶς, ... (*alethôs,*).
505. ...τὸ γὰρ ἐξ ἀνάγκης καὶ ἀεὶ ἅμα... (*tò gàr ex anágkes kaì aeì háma*). Atentar para o sentido ontológico do verbo ser (o mesmo que existir), apesar da elipse em grego do verbo ...εἰμί... (*eimí*), mas presente na sentença conexa imediata.
506. ...ὃ γὰρ εἶναι ἀνάγκη οὐχ οἷόν τε μὴ εἶναι... (*hò gàr eînai anágke oykh hoîón te mè eînai*).
507. ...εἰ ἔστιν ἐξ ἀνάγκης, ἀΐδιόν ἐστι, καὶ εἰ ἀΐδιον, ἐξ ἀνάγκης. ... (*ei éstin ex anágkes, aídión esti, kaì ei aídion, ex anágkes.*).

é que terá de executar uma rotação sobre si mesmo, o que pode ser exemplificado, a saber: dada a necessidade de um certo componente da série, haverá também necessidade daquele que o antecede e uma vez que este último é necessário, impor-se-á a necessidade daquele que o sucede. *E isso é em continuidade perpétua.*[508] Com efeito, é completamente indiferente falarmos de uma série de dois componentes ou de muitos componentes. Dessa maneira, a necessidade *pura e simples*[509] encontra-se no movimento circular e no vir a ser (geração) cíclico; e, dado esse caráter cíclico, necessariamente cada componente vem a ser e veio a ser, e, na hipótese dessa necessidade, o vir a ser (geração) dos componentes é cíclico.

Isso é razoável na medida em que foi demonstrado em outros aspectos[510] que *o movimento circular, isto é, o do céu,*[511] é eterno, visto que seus próprios movimentos e aqueles por ele produzidos vêm a ser sob o império da necessidade e assim serão no futuro; com efeito, se o que se move circularmente mantém-se sempre procurando algo em movimento, é imperioso que o movimento das coisas às quais ele transmite movimento seja também circular; por exemplo, a translação circular superior determina que o sol mova-se de um certa maneira, e diante disso *as estações*[512] vêm a ser de modo cíclico e atuam por recorrência, e sendo assim o seu vir a ser, as coisas por elas geradas, por sua vez, vêm a ser identicamente.

Como explicar, então, o fato de algumas coisas assim se revelarem, *como chuvas e ar, que vêm a ser de modo cíclico,*[513] e a presença da nuvem exigir chuva, e se tem de chover, tem de haver nuvem, *ao passo que seres humanos e animais não vivem por recorrência, de forma que o mesmo ser vivo volta a vir a ser*[514] (com efeito, não há

---

508. ...καὶ τοῦτο ἀεὶ δὴ συνεχῶς... (*kaì toŷto aeì dè synekhôs*), ou, mais próximo da literalidade: *...e isso marcha sempre continuamente...* .
509. ...ἁπλῶς... (*haplôs*), ou seja, absoluta, não qualificada.
510. Na *Física*.
511. ...ἡ κύκλῳ κίνησις καὶ ἡ τοῦ οὐρανοῦ, ... (*he kýkloi kínesis kaì he toŷ oyranoŷ,*).
512. ...αἱ ὧραι... (*hai hôrai*).
513. ...οἷον ὕδατα καὶ ἀὴρ κύκλῳ γινόμενα... (*hoîon hýdata kaì aèr kýkloi ginómena*).
514. ...ἄνθρωποι δὲ καὶ ζῷα **οὐκ ἀνακάμπτουσιν εἰς αὑτοὺς** ὥστε πάλιν γίνεσθαι τὸν αὐτόν... (*ánthropoi dè kaì zôia* **oyk anakámptoysin eis haytoỳs** *hóste pálin gínesthai tòn*

necessidade de vires a ser porque teu pai veio a ser,[515] mas se tu vieres a ser, ele o foi, do que se depreende que o vir a ser parece ser em linha reta)? Para essa investigação o ponto de partida volta a ser o seguinte: indagar se todas as coisas igualmente são por recorrência ou não, ou se há as que são recorrentes *numericamente*[516], enquanto há as que o são apenas do ponto de vista da *espécie*[517]. Mostra-se evidente que as coisas cuja substância, o movido, é insuscetível de corrupção (cessar de ser) serão numericamente idênticas (*pois o tipo de movimento conforma-se ao tipo de coisa movida*)[518], ao passo que as coisas cuja substância é suscetível de corrupção (cessar de ser), são necessariamente recorrentes do ponto de vista da espécie, mas não numericamente. *Daí a água proveniente do ar ou o ar proveniente da água serem idênticos do ponto de vista da espécie, não daquele do número.*[519] Se, por outro lado, fossem também idênticos do ponto de vista do número, ainda assim isso não se aplicaria às coisas cuja substância vem a ser, sendo esta tal que lhe fosse possível não ser.

---

aytón). A frase que indicamos em negrito e que traduzimos livremente por ...*não vivem por recorrência*... corresponde, na proximidade da literalidade, a ...*não giram sobre si mesmos*... .
515. ...οὐ γὰρ ἀνάγκη, εἰ ὁ πατὴρ ἐγένετο, σὲ γενέσθαι... (*oy gàr anágke, ei ho patèr egéneto, sè genésthai*), ou, traduzindo próximo ao literal e acentuando aqui o sentido biológico: ...*não é necessário que, se teu pai nasceu, tu nasças*..., ou ainda, menos literalmente: *não é necessário que, tendo teu pai nascido, devas tu nascer.*
516. ...ἀριθμῷ... (*arithmôi*).
517. ...εἴδει... (*eídei*).
518. ...ἡ γὰρ κίνησις ἀκολουθεῖ τῷ κινουμένῳ... (*he gàr kínesis akoloytheî tôi kinoyménoi*), ou literalmente: ...*pois o movimento acompanha o movido*... .
519. ...διὸ ὕδωρ ἐξ ἀέρος καὶ ἀὴρ ἐξ ὕδατος εἴδει ὁ αὐτός, οὐκ ἀριθμῷ. ... (*diò hýdor ex aéros kaì aèr ex hýdatos eídei ho aytós, oyk arithmôi.*).

Este livro foi impresso pela Gráfica Paym
em fonte Garamond Premier Pro sobre papel UPM Book Creamy 70 g/m²
para a Edipro no verão de 2021.